Python(パイソン)で動かして学ぶ!

あたらしい ベイズ統計の教科書

かくあき 著

本書内容に関するお問い合わせについて

このたびは翔泳社の書籍をお買い上げいただき、誠にありがとうございます。
弊社では、読者の皆様からのお問い合わせに適切に対応させていただくため、以下のガイドラインへのご協力をお願い致しております。
下記項目をお読みいただき、手順に従ってお問い合わせください。

ご質問される前に

弊社Webサイトの「正誤表」をご参照ください。これまでに判明した正誤や追加情報を掲載しています。

正誤表　https://www.shoeisha.co.jp/book/errata/

ご質問方法

弊社Webサイトの「刊行物Q&A」をご利用ください。

刊行物Q&A　https://www.shoeisha.co.jp/book/qa/

インターネットをご利用でない場合は、FAXまたは郵便にて、下記翔泳社愛読者サービスセンターまでお問い合わせください。電話でのご質問は、お受けしておりません。

回答について

回答は、ご質問いただいた手段によってご返事申し上げます。ご質問の内容によっては、回答に数日ないしはそれ以上の期間を要する場合があります。

ご質問に際してのご注意

本書の対象を越えるもの、記述個所を特定されないもの、また読者固有の環境に起因するご質問等にはお答えできませんので、予めご了承ください。

郵便物送付先およびFAX番号

送付先住所　〒160-0006　東京都新宿区舟町5
FAX番号　03-5362-3818
宛先　㈱翔泳社 愛読者サービスセンター

※本書に記載されたURL等は予告なく変更される場合があります。
※本書の対象に関する詳細はivページをご参照ください。
※本書の出版にあたっては正確な記述につとめましたが、著者や出版社などのいずれも、本書の内容に対してなんらかの保証をするものではなく、内容やサンプルに基づくいかなる運用結果に関してもいっさいの責任を負いません。
※本書に掲載されているサンプルプログラムやスクリプト、および実行結果を記した画面イメージなどは、特定の設定に基づいた環境にて再現される一例です。
※その他、本書に記載されている会社名、製品名はそれぞれ各社の商標および登録商標です。
※本書の内容は、2021年7月執筆時点のものです。

はじめに

本書はベイズ統計をこれから学ぼうとされる方、あるいはベイズ統計の基礎知識が少ない方に向けた入門書です。ベイズ統計およびベイズ統計モデリングの基礎知識を、Pythonのプログラムをもとにわかりやすく解説しています。数学がそれほど得意でない人や、ベイズ統計モデリングを体験してみたい人が読める入門書を目指したので、ベイズ統計のトピックを網羅的に扱ったり、難しい数学モデルには踏み込んでいません。本書ではベイズ統計モデリングについてコンピュータを使って実践し理解することに焦点を当てています。数学的に詳しい内容を学習したいとなった場合は他の専門書を読んで調べてみてください。その場合でも本書で学習した知識が十分に役に立つはずです。

前半ではベイズ統計の理解に必要な確率の基礎知識の説明から始まり、ベイズの定理、ベイズ推定の基本事項を解説しています。後半では線形モデルを例題として、MCMC法を用いたモデルの推定方法について解説します。

MCMC法はコンピュータを使って手軽に実践することができます。本書では無料で使えるPythonのライブラリであるPyMC3の使用方法を解説しています。Pythonは幅広い用途で利用されている、強力で、学びやすいプログラミング言語です。Pythonを選んだ理由は、ベイズ統計の内容だけでなくプログラミングの学習も並行して行うとなった場合に学びやすさが大切と判断したためです。本書ではPythonプログラミングの経験がほとんど、または全くない方に向け、Pythonの基礎も説明していますが、詳細な文法などを学習したい方はPythonの専門書を参照してください。

本書が読者の方の業務や学業の一助となり、ご活躍に少しでも役立つものとなれば非常に幸いです。

2021年7月吉日

かくあき

INTRODUCTION 本書の対象読者と必要な事前知識

本書はベイズ統計の基礎知識からベイズ統計モデリングまで、Pythonのプログラムをもとにわかりやすく解説した書籍です。

前半ではベイズ統計の理解に必要な確率の説明からはじまり、ベイズ統計学、ベイズの定理、ベイズ推定の基本事項をわかりやすく解説。

後半では線形モデルを例題として、MCMC法を用いたモデルの推定方法について解説します。

以下のような方を対象読者としています。

- ベイズ統計モデリングをこれから学ぼうとされる方
- ベイズ統計モデリングの基礎知識が少ない機械学習エンジニア

また本書を読むにあたり、以下のような事前知識を持っている方を想定しています。

- Pythonの基礎知識のある方
- 数学の基礎知識のある方

INTRODUCTION 本書の主な特徴

本書では、事後分布を求める際に問題となる、ベイズの定理の積分計算を回避する方法を2つ紹介します。

1つは、共役事前分布によって事後分布の解析解を求める方法です。

そしてもう1つは、MCMC法を使用することで数値計算によって事後分布を推定する方法です。MCMC法はPythonのライブラリのPyMC3を用いて手軽に実践することができます。

また本書の扱うベイズ統計の範囲は以下の通りです。

- 確率の基本
- ベイズの定理
- ベイズ推定
- MCMC法:マルコフ連鎖モンテカルロ法
- 線形モデル
- 一般化線形モデル

INTRODUCTION 本書のサンプルの動作環境とサンプルプログラムについて

本書はWindows10（64bit）の環境を元に解説しています。Pythonとライブラリのインストールには Anaconda Individual Edition（Anaconda3-2021.05-Windows-x86_64.exe）を使用しています。本書のサンプルは 表1 の環境で、問題なく動作していることを確認しています。

表1 サンプルの実行環境

名前	バージョン
Python	3.8
notebook	6.4.0
numpy	1.20.3
scipy	1.6.3
matplotlib	3.4.2
pandas	1.2.4
seaborn	0.11.1
mkl-service	2.4.0
libpython	2.1
m2w64-toolchain	5.3.0
pymc3	3.11.2

付属データのご案内

付属データ（本書記載のサンプルコード）は、以下のサイトからダウンロードできます。

- 付属データのダウンロードサイト
  URL https://www.shoeisha.co.jp/book/download/9784798168647

注意

付属データに関する権利は著者および株式会社翔泳社が所有しています。許可なく配布したり、Webサイトに転載したりすることはできません。

付属データの提供は予告なく終了することがあります。あらかじめご了承ください。

会員特典データのご案内

会員特典データは、以下のサイトからダウンロードして入手いただけます。

- 会員特典データのダウンロードサイト
  URL https://www.shoeisha.co.jp/book/present/9784798168647

注意

会員特典データをダウンロードするには、SHOEISHA iD（翔泳社が運営する無料の会員制度）への会員登録が必要です。詳しくは、Webサイトをご覧ください。

会員特典データに関する権利は著者および株式会社翔泳社が所有しています。許可なく配布したり、Webサイトに転載したりすることはできません。

会員特典データの提供は予告なく終了することがあります。あらかじめご了承ください。

免責事項

付属データおよび会員特典データの記載内容は、2021年7月現在の法令等に基づいています。

付属データおよび会員特典データに記載されたURL等は予告なく変更される場合があります。

付属データおよび会員特典データの提供にあたっては正確な記述につとめましたが、著者や出版社などのいずれも、その内容に対してなんらかの保証をするものではなく、内容やサンプルに基づくいかなる運用結果に関してもいっさいの責任を負いません。

付属データおよび会員特典データに記載されている会社名、製品名はそれぞれ各社の商標および登録商標です。

著作権等について

付属データおよび会員特典データの著作権は、著者および株式会社翔泳社が所有しています。個人で使用する以外に利用することはできません。許可なくネットワークを通じて配布を行うこともできません。個人的に使用する場合は、ソースコードの改変や流用は自由です。商用利用に関しては、株式会社翔泳社へご一報ください。

2021年7月

株式会社翔泳社　編集部

CONTENTS

第1章 開発環境の準備

本章では、学習の準備としてPython開発環境の構築と簡単な使い方について解説します。開発環境の構築にはAnacondaを利用し、Jupyter NotebookでPythonのコードを実行させます。

1.1 Pythonのインストール

本節では、Python開発環境のインストール方法を説明します。

1-1-1 Anaconda Individual Editionのインストール

Pythonには様々なインストール方法があります。ベイズ統計の学習のためには、Anaconda社の提供するAnacondaを利用すると簡単に環境を構築できます。AnacondaはPythonの本体だけでなく、様々な数値計算に便利なパッケージをまとめてインストールしてくれます。

まず、Anaconda Individual Edition（無償版のAnaconda）を公式サイト(URL https://www.anaconda.com/distribution/)からダウンロードします。Windows用、macOS用、Linux用のインストーラが用意されており、自分の使用しているOSに合わせてインストーラを選択します。本書では図1.1のリンクをクリックし、64ビットWindows用のインストーラの「Anaconda3-2021.05-Windows-x86_64.exe 」で環境を構築してサンプルの作成、検証を行っています。

なお、Anacondaのすべてのバージョンは URL https://repo.continuum.io/archive/からダウンロードできます。

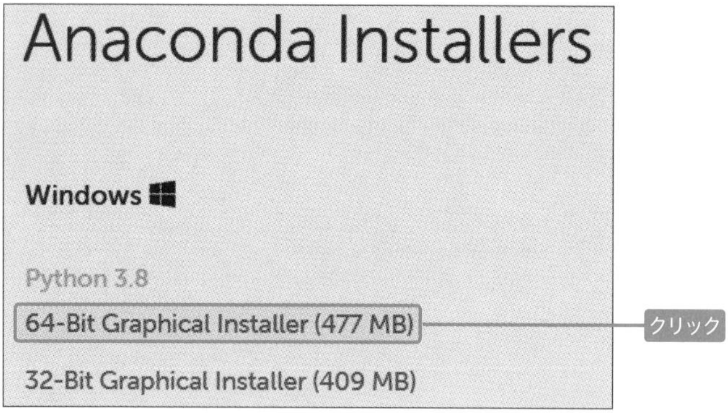

図1.1 Anacondaのダウンロード

ダウンロードしたインストーラのファイルを実行し、表示される画面に従ってインストールを行ってください。手順の詳細は省略しますが、その際の設定はすべてデフォルトのままでかまいません。

1-1-2 仮想環境を作成する

仮想環境とは、Pythonの実行ファイルやパッケージなどがまとめられたフォルダのことです。仮想環境はそれぞれ独立しており、Pythonやパッケージのバージョンを使い分けたい場合などに有用です。プロジェクトごとに仮想環境を作り、必要なパッケージだけインストールすれば、パッケージの依存関係で問題が生じる可能性が減ります。また、仮想環境は簡単にコピーでき、複数の人と環境を共有することができます。

environment.ymlから仮想環境を作成する方法

ここでは本書のサンプルを動作確認した環境をインポートする方法を解説します。まずは本書の付属データのダウンロードサイトからenvironment.ymlをダウンロードしておいてください。

次に、Anaconda Navigatorを起動しましょう。Anaconda NavigatorはAnacondaでインストールしたアプリケーションの起動や、実行環境の管理などを行うためのアプリケーションです。スタートメニューの「Anaconda3」の中にある「Anaconda Navigator」を選択するとAnaconda Navigatorが起動し、図1.2の画面が表示されます。この画面から「Environments」をクリックして仮想環境の管理画面に移動してください。

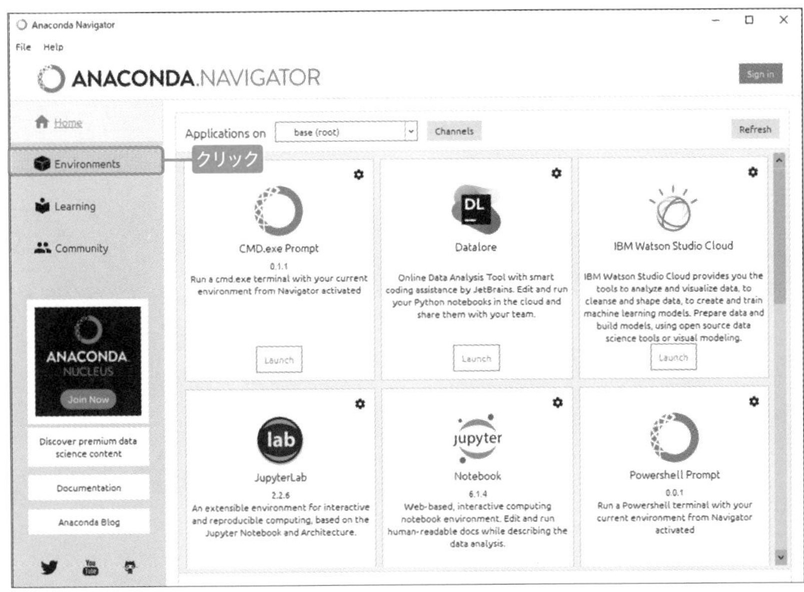

図1.2 Anaconda Navigator

図1.3 の画面には利用できる仮想環境の一覧と、選択した環境にインストールされているパッケージの一覧が表示されます。ここで「Import」をクリックします。

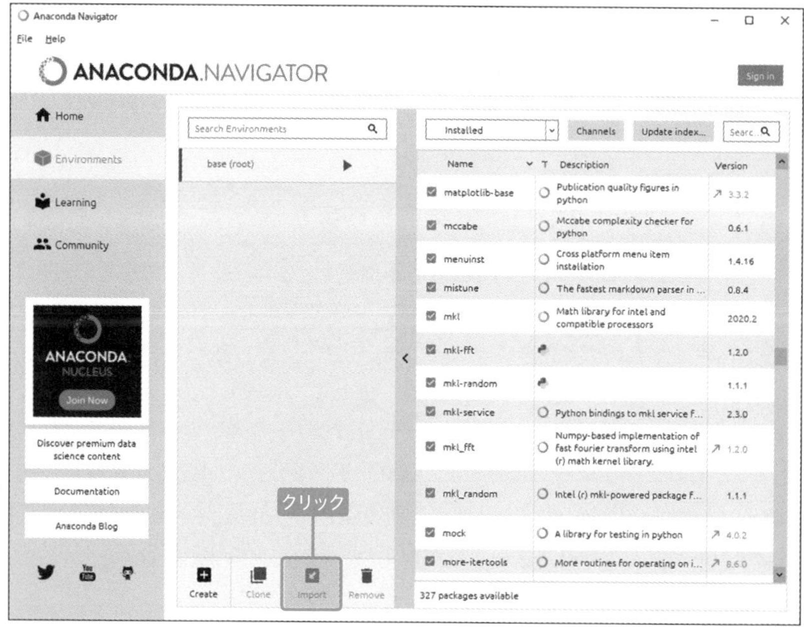

図1.3 仮想環境のインポート

図1.4 の画面が表示されるので、「Name」には仮想環境の名前を入力します❶。Specification Fileのフォルダアイコンをクリックし❷、ダウンロードしておいた「environment.yml」を選択します❸。「Import」をクリックすると❹、仮想環境が作成されます。

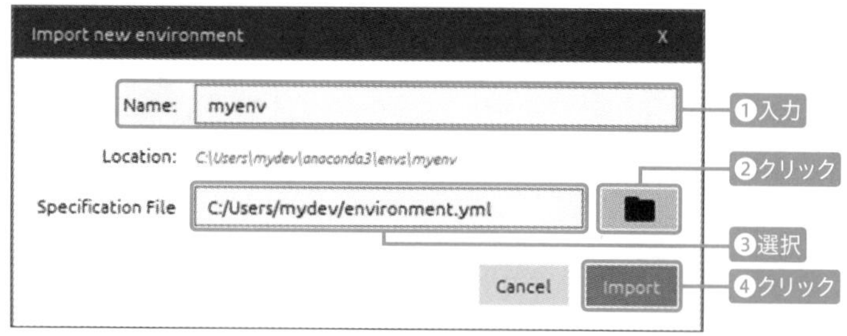

図1.4 Import new environment画面

新規に仮想環境を作成して個別にパッケージをインストールする方法

もしも仮想環境を新規作成したい場合には 図1.5 の「Create」をクリックします。

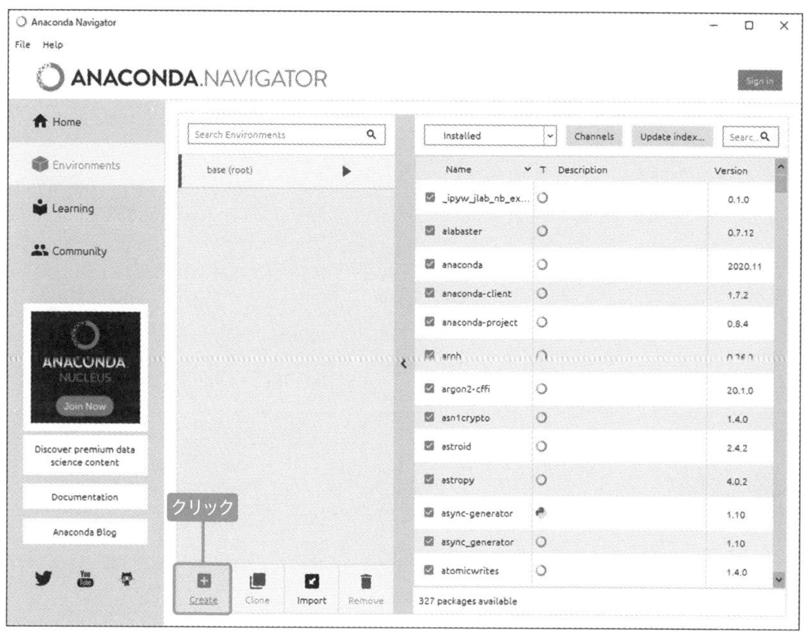

図1.5 仮想環境の新規作成

図1.6 の画面が表示されるので、「Name」には仮想環境の名前を入力し❶、「Packages」でPythonのバージョンを選択します❷。本書の環境では「Python 3.8」を選択しています。「Create」をクリックすると❸、仮想環境が作成されます。

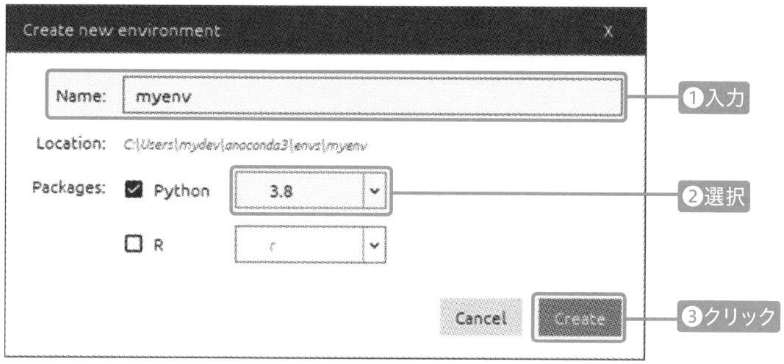

図1.6 Create new environment画面

仮想環境が作成されたら必要なパッケージを選択してインストールするのですが、本書で使用するパッケージをインストールするにはconda-forgeというチャンネルを追加する必要があります。図1.7 の画面に示すように、まずは「Channels」をクリックし❶、表示されたウィンドウで「Add」をクリックします❷。チャンネルの一覧に新しく「conda-forge」と入力します❸。[Enter] キーを押して確定させ、最後に「Update channels」をクリックします❹。

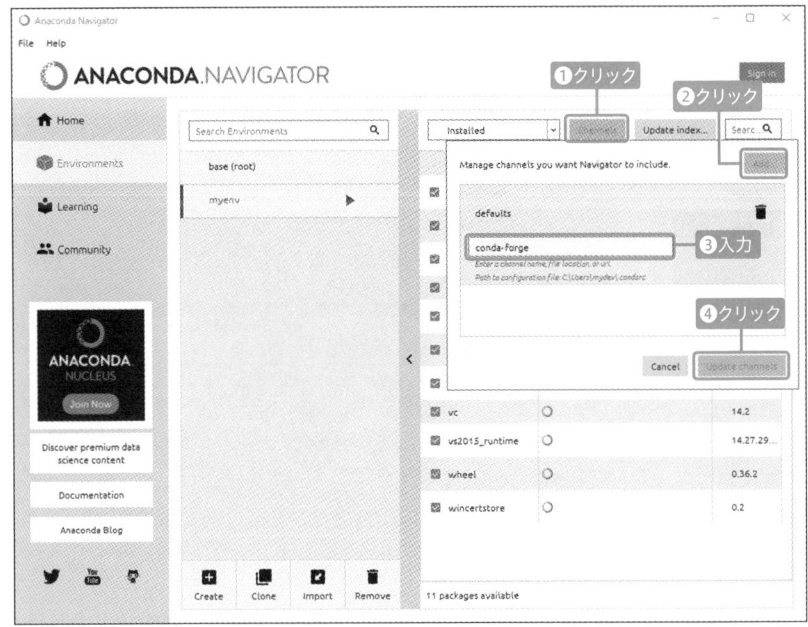

図1.7 チャンネルの追加

次に 図1.8 の画面で「Not installed」を選択します❶。これによりインストールできるパッケージの一覧が表示されます。検索欄にインストールするパッケージ名を入力して（ここでは「pymc3」）❷、検索します。本書で必要なパッケージは 表1.1 のものです。インストールするパッケージを見つけたらそれにチェックを入れます❸。

次に先程のチェックボックスを右クリックして（図1.9 ❶）、「Mark For specific version installation」を選択し❷、バージョン（ここでは「3.11.2」）を選択します❸。「Apply」をクリックします❹。「Install Packags」画面で、インストールするパッケージとバージョンを確認して❺、「Apply」をクリックします❻。

図1.8 パッケージのインストール①

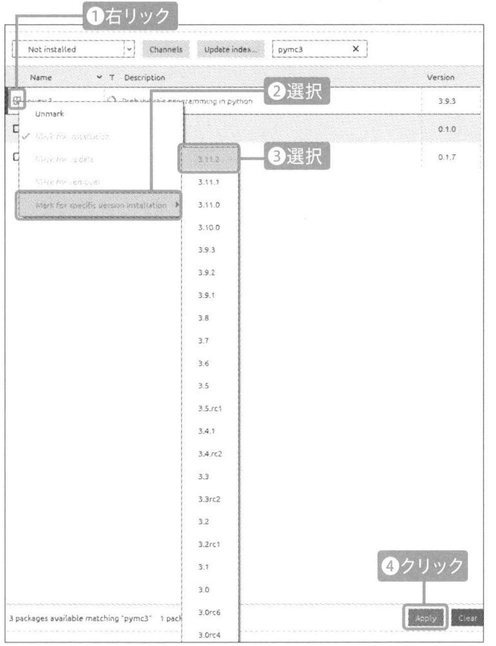

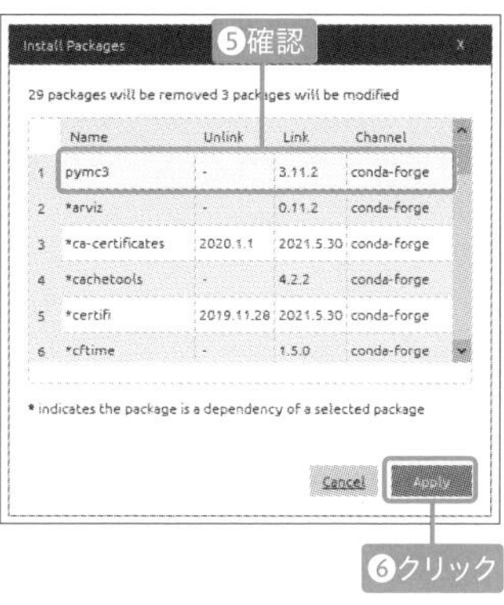

図1.9 パッケージのインストール②

なお、図1.8で「Apply」をクリックすると、最新のバージョンがインストールされます。

表1.1 パッケージ名とバージョン

パッケージ名	バージョン
notebook	6.4.0
numpy	1.20.3
scipy	1.6.3
matplotlib	3.4.2
pandas	1.2.4
seaborn	0.11.1
mkl-service	2.4.0
libpython	2.1
m2w64-toolchain	5.3.0
pymc3	3.11.2

1.2 Jupyter Notebook

本節では、Jupyter Notebookの起動方法と操作方法を簡単に説明します。

1-2-1 Jupyter Notebookとは

Jupyter NotebookはWebブラウザ上で動作するアプリケーションです。ノートブックと呼ばれる形式のファイルを開き、対話的にPythonなどのプログラムを実行していくことができます。実行結果をグラフとして表示することもでき、データの分析を順次確かめながら進めていけるので非常に便利です。さらに、ノートブックには説明用のテキストや数式を記述できるので、学習内容のメモやプログラムの解説もまとめて管理できます。

本書で解説するPythonのサンプルコードは、ノートブック形式のファイルで保存されています。ダウンロードしたファイルはJupyter Notebook上で実行してください。

1-2-2 Jupyter Notebookを起動する

それでは、Jupyter Notebookを起動しましょう。Anaconda NavigatorのHome画面から使用する仮想環境を切り替えられます。図1.10のように前節で作成した仮想環境を選択します❶。そして、Jupyter Notebookの「Launch」をクリックすると❷、Jupyter Notebookが起動し、デフォルトのWebブラウザが立ち上がります。

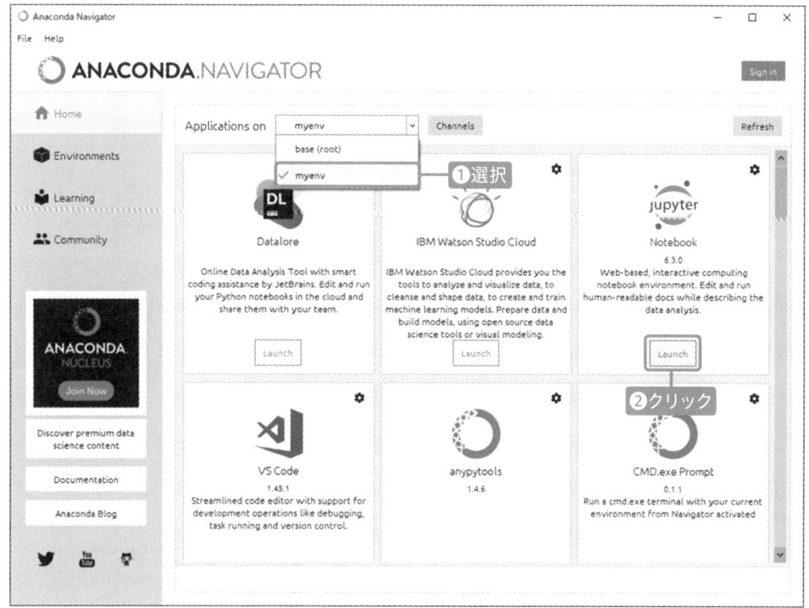

図1.10 Jupyter Notebookを起動

Webブラウザに図1.11のようなダッシュボード画面が表示されます。画面には実行環境のホームフォルダの内容が表示されており、フォルダやファイルを操作することができます。

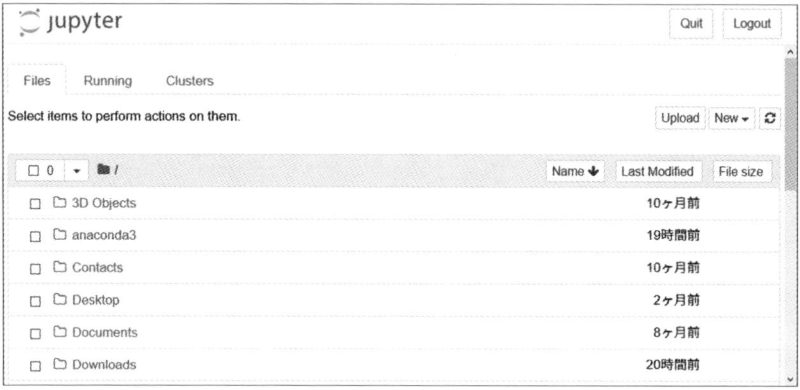

図1.11 Jupyter Notebookのダッシュボード画面

ファイルを新規作成するには、作業するフォルダに移動した後（ここではそのまま同じフォルダに作成）に右側にある「New」をクリックします（図1.12❶）。そして、「Python 3」を選択すると❷、Jupyter Notebookの新規ファイルが作成され、そのファイルが新しいタブに開かれます。また、自動でPython3が実行されているので、Pythonのコードを入力して実行させていくことができます。

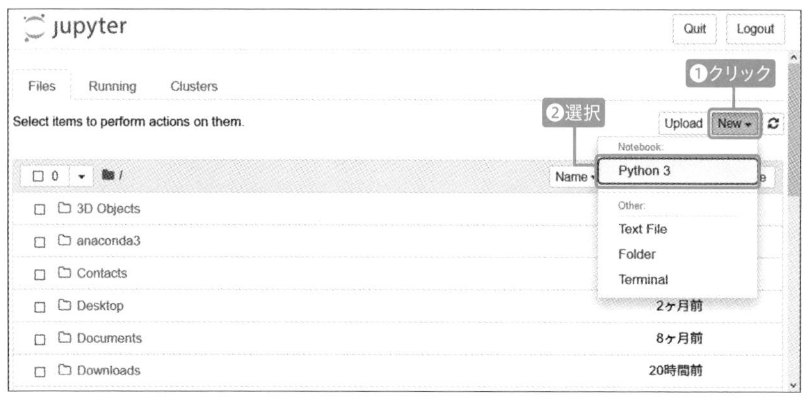

図1.12 新規にノートブックを作成

作成されたファイルの拡張子は**.ipynb**です。本書のサンプルコードもこの形式のファイルにまとまっているので、Jupyter Notebookで開いてコードを実行してください。

1-2-3 セルの操作

最初はJupyter Notebookに慣れるためにPythonの簡単なコードを書いて実行してみましょう。図1.13の画面の上部にはメニューバーやツールバーが表示されており、それらをクリックすることでファイルの保存やコードの実行のような様々な操作が行えます。

図1.13にあるような文字を入力する枠をセルと呼びます。Jupyter Notebookではセルに Pythonのコードを書いて実行していきます。

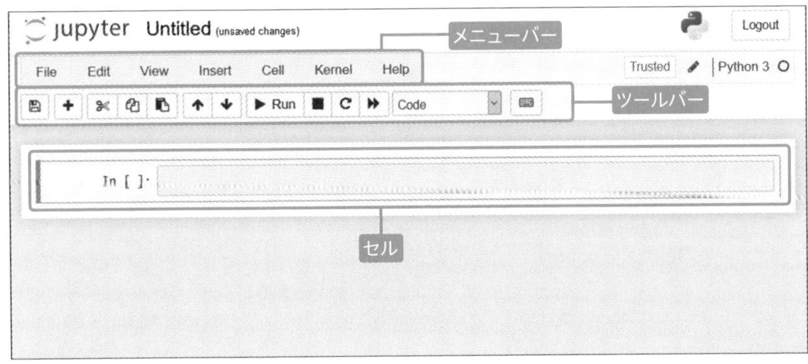

図1.13 コードを入力するセル

電卓を使うような感覚で**1 + 1**などと入力し、[Shift] + [Enter] キーを押してみましょう ([Shift] キーを押しながら [Enter] キーを押す)。すると、図1.14のように実行結果がセルの下に表示され、次のセルが追加されます。後の章で解説しますが、セルの下にグラフを表示させることもできます。

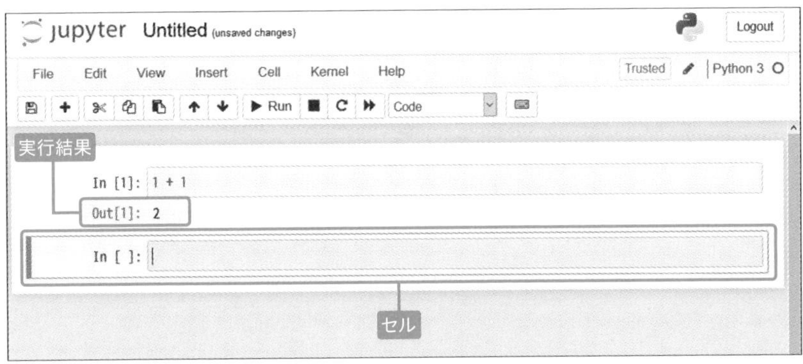

図1.14 数値計算の例

順次追加されたセルにコードを書き、それを実行するということを繰り返していきます。コードは何行でも書け、図1.15のように1つのセルに複数の文を書くこともできます。この文の1行目は先頭に**#**（ハッシュマーク）があるため、コメントとして認識されます。コメントはPythonに無視される文で、コードの意味の補足やメモを残すために使用されます。2行目の**`print('Hello, World!')`**という文で使用している**`print`**関数は、指定の文字を出力させる命令です。

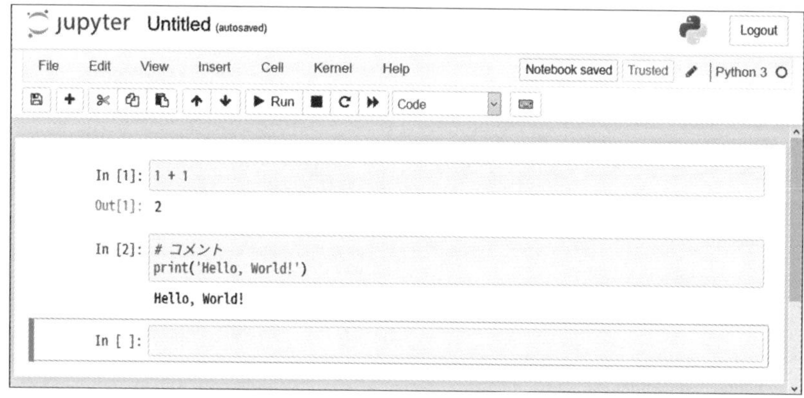

図1.15 複数行のコードの入力

セルには種類があり、図1.16のようにセルの種類を選択して変更できます。デフォルトではPythonのコードを記述するための「Code」になっています。「Markdown」を選択すると、セルが通常のテキストを記述するためのモードに変わります。

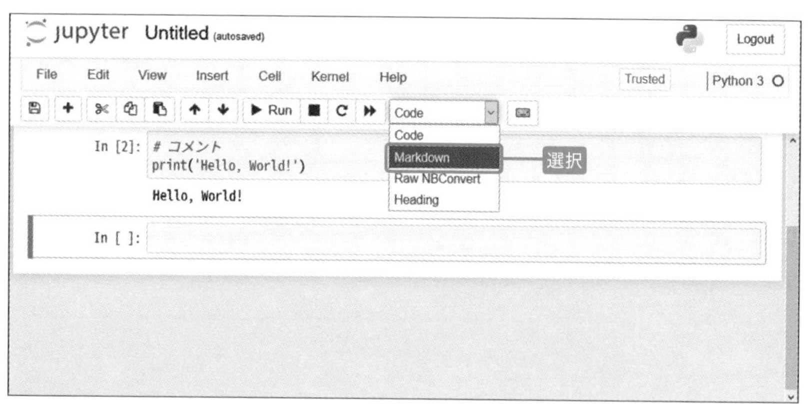

図1.16 セルの種類の選択

Markdownセルでは、Markdownという言語の記法に従ったテキストや、LaTeX形式の数式を書くことができます。このセルでPythonのコードの実行はできませんが、見た目の整えられたテキストや数式を表示させたいときに使用します。Markdownセルには図1.17のように入力して実行します。

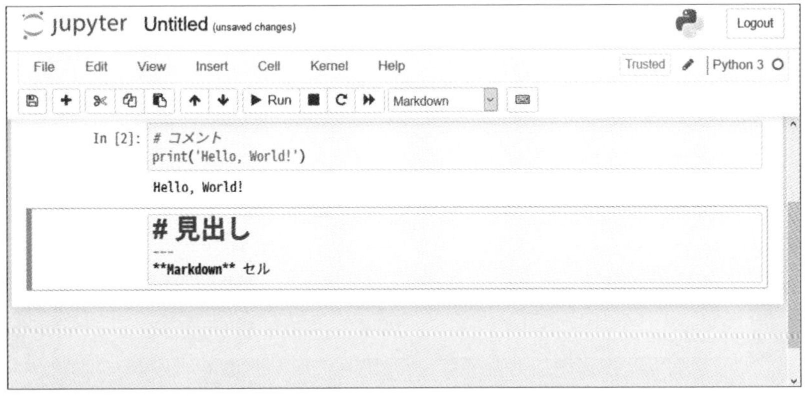

図1.17 Markdownセルの例

するとテキストが装飾されて図1.18のように表示されます。

図1.18 Markdownセルの実行結果

セルにはテキストを入力する編集モードと、セル自体を操作するコマンドモードがあります。セルの入力欄をクリックすると編集モードになり、それ以外の箇所をクリックするとコマンドモードになります。セルの左端が編集モードでは緑、コマンドモードでは青く表示されます。

コマンドモードではキーボードショートカットを利用してセルを操作できま

す。例えば［H］キーを押すとキーボードショートカットの一覧が表示されます。また、［P］キーを押すと図1.19のようにコマンドパレットが開きます。コマンドパレットから実行したいコマンドを検索し、実行することができます。Jupyter Notebookの操作に迷ったときに活用してください。

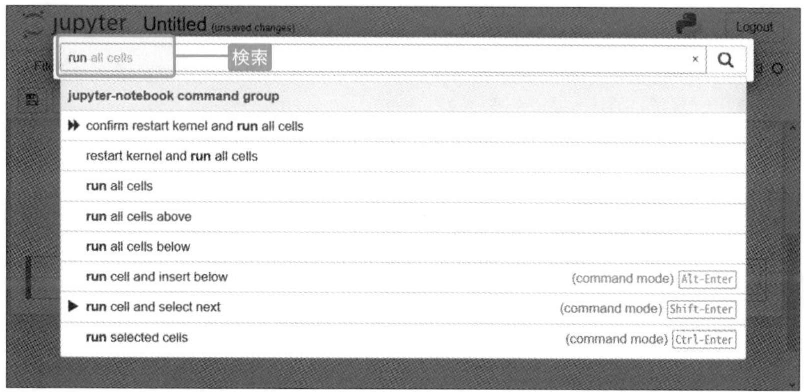

図1.19 Jupyter Notebookのコマンドパレット

第2章

Pythonプログラミングの基本

本書ではPythonを併用しながらベイズ統計を学んでいきます。本章では、Pythonを使ったことがない、あるいはPythonに慣れていない人に向けて、第3章以降のプログラムを理解するためのPythonの使い方を解説します。

2.1 四則演算

基本的な数値と四則演算について説明します。

2-1-1 数値

整数は リスト2.1 のように10進数の整数で記述します。

リスト2.1 整数の例

In
```
3
```

Out
```
3
```

同様に浮動小数点数も リスト2.2 のように記述できます。なお、浮動小数点数は整数部や小数部が`0`である場合、その`0`を省略して書くことができます。

リスト2.2 浮動小数点数の例

In
```
# .1 と書くこともできる
0.1
```

Out
```
0.1
```

2-1-2 算術演算子

数値の四則演算には算術演算子`+`、`-`、`*`、`/`を使います（リスト2.3）。

リスト2.3 算術演算の例①

In
```
2 + 10.3
```

Out
```
12.3
```

累乗には**を使います（リスト2.4）。演算子には評価される優先順位があり、累乗は乗算や除算よりも先に計算されます。

リスト2.4 算術演算の例②

In
```
3**2 * 2
```

Out
```
18
```

算術演算子を組み合わせて長い計算式も計算できます（リスト2.5）。数学と同じで()内の式は先に計算されます。

リスト2.5 算術演算の例③

In
```
(-2 + 4 * 3) / 2
```

Out
```
5.0
```

2.2 変数とオブジェクト

本節では変数とオブジェクトの概要を説明します。

2-2-1 変数

Pythonではデータとそれに関連する処理がまとまりとして管理されており、それをオブジェクトと呼びます。変数とはオブジェクトに付けた名札のようなものです。オブジェクトに変数名を束縛することを代入といい、代入は=を使った代入文で記述します（リスト2.6）。

リスト2.6 代入文の例

In

```
x = 2
y = 0.1

# 変数に代入された値で計算される (2 + 0.1)
x + y
```

Out

```
2.1
```

代入文では先に右辺の式が評価され、その結果がターゲットの変数に代入されます。リスト2.7では右辺の**2 + 1**が先に評価され、結果が変数**data**に代入されます。

リスト2.7 式の評価結果を代入する例

In

```
data = 2 + 1
data
```

Out

```
3
```

アルファベット、数字、**_**などを組み合わせて変数名を定めます。ただし、名前の先頭を数字にすることはできません。また、**for**や**lambda**のような一部の名前はPythonの制御のためにあらかじめ使われてしまっているので、変数名にはできません。そのほかにはギリシャ文字などが使えます。Jupyter Notebookでは**¥alpha**※1のように入力して［Tab］キーを押すことでギリシャ文字を入力できるようになっています。

2-2-2 オブジェクト

オブジェクトに属している値やメソッドのことを属性と呼びます。オブジェクトがどのような属性を持っているかを決めているものを型といいます。

オブジェクトの型を調べるには**type**関数を使用します。例えば、整数を表すオブジェクトは**int**という型のオブジェクトです（リスト2.8）。この型オブジェ

※1　macOSでは\alphaとなります。

クトのことをクラスと呼び、Pythonには様々なクラスが用意されています。オブジェクトはクラスに定義された内容に従って独自の属性やメソッドを持っています。

リスト2.8 **type**関数の例

In
```
a = 10
type(a)
```

Out
```
int
```

属性を参照するには**オブジェクト.属性名**と記述します。例えば、リスト2.9では整数オブジェクトが持っている**bit_length**属性を参照しています。なお、**()**を付けると処理が実行される属性をメソッドと呼びます。

リスト2.9 オブジェクトの属性を参照

In
```
a.bit_length()
```

Out
```
4
```

オブジェクトの属性の一覧は**dir(a)**のように**dir**関数を使うと調べられます。また、**help(a)**のように**help**関数を使うことでオブジェクトの説明文を見ることができます。Jupyter Notebookでは**a?**と書いて実行すると同様に説明文が表示されます。Pythonの機能のすべてを覚えることはできないので、気になったオブジェクトがあれば**help**関数で説明文を確認しましょう。

2.3 コンテナ

コンテナ(コレクション)はオブジェクトの集まりを表現するデータ構造です。Pythonにはリストや辞書といった便利なデータ構造が提供されています。そのほか、ライブラリのNumPyやpandasを使うと数値計算や統計分析に適したデータ構造を利用することができます。

2-3-1 文字列

文字列はリスト2.10のように'か"で囲んで定義します。

リスト2.10 文字列の例

In
```
text = 'Python'                    # "Python" でも可
text
```

Out
```
'Python'
```

リスト2.11のように先頭に**f**を付けると**{}**内の式の値が文字列に挿入されます。ここでは変数**data**の値を文字列に埋め込んでいます。また、文字列に**¥**を含むときは先頭に**r**を付けて定義しましょう。

リスト2.11 f文字列の例①

In
```
data = 2.3456
print(rf'$¥tau = {data}$')
```

Out
```
$¥tau = 2.3456$
```

f文字列では挿入される数値の書式を指定することができます。リスト2.12のように変数の後に**:**を記述し、それに続けて書式を指定します。この例では数値の小数点以下が2桁で表示されるように記述しています。

リスト2.12 f文字列の例②

In
```
print(f'{data:.2f}')
```

Out
```
2.35
```

2-3-2 リスト

リストは任意のオブジェクトを要素に持つことができます。リスト2.13のように要素を**,**で区切り、全体を**[]**で囲んで記述します。

リスト2.13 リストの例①

In
```
numbers = [0, 1, 2.0]
numbers
```

Out
```
[0, 1, 2.0]
```

コンテナに含まれる要素の数は**len**関数で調べられます（リスト2.14）。

リスト2.14 **len**関数の例

In
```
len(numbers)
```

Out
```
3
```

リストの要素にリストを指定することもできます（リスト2.15）。

リスト2.15 リストの例②

In
```
[[1, 2, 3],
 [4, 5, 6],
 [7, 8, 9]]
```

Out
```
[[1, 2, 3], [4, 5, 6], [7, 8, 9]]
```

2-3-3 NumPyの配列

Pythonでは様々なライブラリが開発されており、NumPyはPythonにおける科学技術計算の基盤となるライブラリです。NumPyの提供する多次元配列オブジェクト（**ndarray**）を用いることで、大規模なデータの数値計算を高速に行うことができます。

ライブラリは**import**文を使って利用します。インポートするライブラリには**as**キーワードを用いて独自の名前を付けられます。まず最初にリスト2.16を実行してNumPyをインポートしましょう。慣例的にNumPyは**np**という名前でインポートされるので本書でも**np**としています。

リスト2.16 NumPyのインポート

In
```
import numpy as np
```

もしもライブラリの特定のオブジェクトだけを使いたい場合は、それを**from**文で選択してインポートします（リスト2.17）。

リスト2.17 **from**文の使用例

In
```
from numpy import pi


pi
```

Out
```
3.141592653589793
```

リストなどを**np.array**関数に渡すと**ndarray**型のオブジェクトが作られます（リスト2.18）。NumPyに関する文脈ではこの**ndarray**を配列と呼ぶことにします。

リスト2.18 1次元配列の作成

In
```
x = np.array([1, 2, 3, 4])
x
```

Out
```
array([1, 2, 3, 4])
```

値が等間隔で変化する配列を**arange**関数や**linspace**関数で作成できます。**arange**関数には**(start, stop, step)**という形式で引数を与えます。配列の要素は**start**（デフォルトは0）以上**stop**未満の区間で生成されます。**step**が値の増分で、デフォルトの値は1です。リスト2.19では**step**の値を2として配列を作成しています。

リスト2.19 **arange**関数の例

In
```
np.arange(1, 6, 2)
```

Out
```
array([1, 3, 5])
```

値の間隔が小数点数の配列を作る場合は**linspace**関数を使いましょう。引数は**(start, stop, num)**の形式で与えます。**num**には配列の要素数を指定します（リスト2.20）。デフォルトでは**stop**の値を含むように配列が作成されますが、引数に**endpoint=Fale**を指定すれば**stop**の値は含まれません。

リスト2.20 **linspace**関数

In
```
np.linspace(0, 1, 5)
```

Out
```
array([0.  , 0.25, 0.5 , 0.75, 1.  ])
```

2-3-4 要素の参照

文字列、リスト、**ndarray**ではインデックスを指定して要素を選択することができ、それを**インデキシング**と呼びます。インデキシングでは**[]**で囲んだ整数を記述します。インデックスは先頭（左端）の要素が基準の0、その右が1、というように振られた一連の番号です。

リスト2.21ではインデキシングでリストから要素を参照しています。**x[0]**では先頭の要素の**1**が参照されます。インデックスには負の整数も使用でき、文字列の末尾（右端）の番号は**-1**とも指定できます。

リスト2.21 インデキシングで要素を参照

In
```
x = np.array([1, 20, 300, 4000, 50000])
x[0]
```

Out
```
1
```

スライシングはインデックスの範囲指定によって要素を選択する操作です。範囲は**[開始インデックス:終了インデックス]**という形式で指定します。リスト2.22のように**[1:3]**と指定すると、インデックスが1以上3未満の範囲で要素が切り出されます。

リスト2.22 スライシングで要素を参照①

In
```
x[1:3]
```

Out
```
array([ 20, 300])
```

開始インデックスを省略した場合は先頭から、終了インデックスを省略した場合は末尾までが範囲になります。リスト2.23のように **[:3]** では先頭から3未満の範囲が選択されます。先頭から末尾までの全範囲は **[:]** で参照します。

リスト2.23 スライシングで要素を参照②

In
```
x[:3]
```

Out
```
array([  1,  20, 300])
```

また、スライシングでは範囲指定の後に増分値を指定することで任意の間隔で要素を選択できます。リスト2.24では全範囲から1つおきに要素を選択して取り出しています。

リスト2.24 スライシングで要素を参照③

In
```
x[::2]
```

Out
```
array([    1,   300, 50000])
```

2-3-5 基本的な算術演算

算術演算子による配列の演算では、配列が同じ形状の場合は対応する要素ごとに演算が行われます（リスト2.25）。演算の結果、要素が浮動小数点数になる場合には、返される配列のデータ型は浮動小数点数型になります。

リスト2.25 同じ形状の配列同士の演算

In
```
x = np.array([1, 2, 3])
y = np.array([4, 5, 6])
```

```
x + y
```

Out

```
array([5, 7, 9])
```

NumPyの配列と数値との演算も行うことができます。リスト2.26のような配列と数値の積では、配列の要素すべてに対して数値との積が計算されます。

リスト2.26 配列と数値の演算

In

```
2 * x
```

Out

```
array([2, 4, 6])
```

2-3-6 辞書

辞書（マッピング）は個々の要素に識別用の値を設定できるコンテナです。識別用の値をキーと呼びます。辞書はシーケンスではないのでインデキシングなどによる要素の選択はできません。辞書はリスト2.27のように**キー : 値**のペアを**,**で区切って並べ、全体を**{}**で囲んで記述します。

リスト2.27 辞書の例

In

```
params = {'x': 100, 'y': 0.1}
params
```

Out

```
{'x': 100, 'y': 0.1}
```

辞書では**辞書[キー]**の添字表記で要素を参照できます。辞書に指定したキーが存在しない場合はエラーとなります。

また、辞書は変更可能オブジェクトなので、キーで要素を参照して値を書き換えられます（リスト2.28）。指定したキーが辞書に存在しなければ、新しい要素として辞書に追加されます。

リスト2.28 辞書に要素を追加

In

```
params['x'] = 200
params
```

Out

```
{'x': 200, 'y': 0.1}
```

2-3-7 pandasのデータフレーム

pandasは高機能で使いやすいデータ構造と、そのデータを分析する便利な機能を提供するライブラリです。特にデータフレーム（**DataFrame**）という表形式データを扱うデータ構造がデータ分析では活躍します。テキストファイル、Excel、SQLデータベースなどのフォーマットからデータをデータフレームとして読み込み、データ分析の前処理から基本的な統計処理まで行うことができます。

pandasは一般的に**pd**という名前でインポートされます（リスト2.29）。

リスト2.29 pandasのインポート

In

```
import pandas as pd
```

データフレームは行と列を持つ表形式のデータ構造です。データフレームには行ラベルと列ラベルを設定することができます。データフレームは様々な方法で作成でき、リスト2.30では辞書にまとめられたデータからデータフレームを作成しています。行ラベルは**index**引数で設定できます。

リスト2.30 データフレームの作成

In

```
df = pd.DataFrame(
    {'X': [1, 2, 3, 4, 5], 'Y': [6, 7, 8, 9, 10]},
    index=['a', 'b', 'c', 'd', 'e']
)
df
```

Out

	X	Y
a	1	6
b	2	7
c	3	8
d	4	9
e	5	10

リスト2.31のようにデータフレームの行ラベルは**index**属性で参照でき、後から行ラベルを変更することもできます。

リスト2.31 **index**属性の例

In

```
df.index
```

Out

```
Index(['a', 'b', 'c', 'd', 'e'], dtype='object')
```

大きいデータフレームの中身を確認するときには**head**メソッドが便利です。**head**メソッドで呼び出すと先頭から5行分のデータが表示されます。**head**メソッドの引数には表示させる行数を指定でき、リスト2.32では先頭から3行分のデータを表示させています。

リスト2.32 **head**メソッドの例

In

```
df.head(3)
```

Out

	X	Y
a	1	6
b	2	7
c	3	8

データフレームのデータは様々な方法で参照できます。単純な方法としては、辞書のデータを参照するような**[]**による添字表記が使えます。ある列を参照するにはリスト2.33のように列ラベルを指定します。ここでは**X**の列データを参照しています。

リスト2.33 列ラベルによる参照

In
```
df['X']
```

Out
```
a    1
b    2
c    3
d    4
e    5
Name: X, dtype: int64
```

2.4 複合文

文の内部に別の文を持つことができる文を複合文と呼びます。本節では代表的な複合文である**for**文と**with**文を紹介します。

2-4-1 for文

リストやタプルなどの要素に順番に処理を行うには**for**文を使います。**for**文はリスト2.34のように**for 変数 in データ群:**という形で記述します。**データ群**の要素が順番に**変数**に代入され、**for**文以下のインデント（字下げ）されている行が実行されます。

リスト2.34 **for**文の例

In
```
numbers = [1, 2, 3]
for number in numbers:
    print(number)
```

Out
```
1
2
3
```

for文では**range**オブジェクトをよく使います（リスト2.35）。**range**は整数の等差数列を表し、引数に**(start, end, step)**を指定します。**end**だけは必須引数で、指定がなければ**start**と**step**は0と1になります。**range**オブジェクトは必要になったときに整数を生成するので、リストに整数を格納しておくよりもメモリ使用量を抑えることができます。

リスト2.35 **for**文での**range**オブジェクトの使用例

In

```
for i in range(4):
    print(i)
```

Out

```
0
1
2
3
```

リスト内包表記と呼ばれる、**for**文を利用してリストを作成するための記法が用意されています。リスト2.36では**range**オブジェクトから生成される値が順番に変数**i**に代入されます。そして、**i****2**の値がリストの要素に追加されていきます。

リスト2.36 リスト内包表記の例

In

```
[i**2 for i in range(4)]
```

Out

```
[0, 1, 4, 9]
```

2つのデータ群の要素に順番に処理を行うには**zip**関数を使います。リスト2.37では変数**w**に変数**words**の要素、変数**v**に変数**values**の要素が順番に代入されます。

リスト2.37 **zip**関数の例

In

```
words = ['a', 'b', 'c']
values = [100, 200, 300]

for w, v in zip(words, values):
    print(f'{w}: {v}')
```

Out

```
a: 100
b: 200
c: 300
```

2-4-2 with文

with文は前処理や後処理を必要とするオブジェクトをシンプルな記述で扱うための文です。**with**文の代表的な利用方法はファイルの入出力です。まずはリスト2.38を実行してテキストファイルを用意しておきます。

リスト2.38 **%%writefile**コマンドの例

In

```
%%writefile file.txt
Python
パイソン
```

Out

```
Overwriting file.txt
```

リスト2.39では**with**文を使ってテキストファイルを読み込んでいます。まず**with**キーワードの後の文が実行されます。ここでは**open**関数が実行されてファイルオブジェクトが作られます。そのオブジェクトは**as**キーワードの後の変数、ここでは変数**f**に代入されます。そしてインデントされている行が実行されます。ファイルオブジェクトからは**for**文を利用して1行ずつファイルの内容を取得することができます。**open**関数を使うと通常は後処理としてファイルを解放する必要がありますが、**with**文を使っているとそのような後処理が自動的に実行されます。

リスト2.39 **with**文の例

In
```
with open('file.txt', encoding='utf-8') as f:
    for line in f:
        print(line, end='')
```

Out
```
Python
パイソン
```

2.5 Matplotlibによるグラフ作成

本節ではMatplotlibの概要と利用方法を解説します。

2-5-1 基本的な2次元グラフ

データの持つ特徴を観察するため、グラフを作成することは非常に重要な作業です。MatplotlibはPythonでグラフを作成するためのライブラリです。機能の多さや作成できるグラフの品質から、Pythonでのグラフ描画ライブラリの定番となっています。

Matplotlibは多くのモジュールで構成されています。グラフを作成するための関数は**matplotlib.pyplot**モジュールにまとめられており、これを**plt**という名前でインポートするのが一般的です（リスト2.40）。

リスト2.40 **matplotlib.pyplot**のインポート

In
```
import matplotlib.pyplot as plt
```

Jupyter Notebookで**matplotlib.pyplot**モジュールをインポートすると、以降のセルで作成したグラフはセルの下に静止画で表示されるようになります。

Matplotlibのグラフは**Figure**オブジェクトと、その中にある1つ以上の**Axes**オブジェクトで構成されています。**Figure**は図全体の描画領域で、**Axes**は1つのグラフを描く領域（座標系）を表します。複数のグラフを並べるときは、

1つの**Figure**の中に複数の**Axes**が含まれる構成になります。

Matplotlibは**Axes**を簡単に配置するためのレイアウトマネージャをいくつか提供しています。本書ではその中でも使いやすい**plt.subplots**関数を使用してグラフを作成しています。この関数はデフォルトでは新しい**Figure**と**Axes**を1つ作成します（リスト2.41）。作成した**Axes**の**plot**メソッドを呼び出すと折れ線グラフが描画されます。ほかにも棒グラフを作成する**bar**関数など、様々な作画メソッドが用意されています。

ラベルやタイトルが描画領域の外に出てしまう場合などに、グラフの位置や大きさを調整したいことがあります。**plt.subplots**関数に**constrained_layout=True**と指定すると、グラフ同士の間隔やグラフ周りの余白が適切になるようにレイアウトが自動的に調整されます。

リスト2.41 **plt.subplots**関数の使用例①

In

```
import numpy as np


x = np.linspace(0, 2 * np.pi, 100)
y = np.sin(x)


fig, ax = plt.subplots(constrained_layout=True)


ax.plot(x, y)
```

Out

```
[<matplotlib.lines.Line2D at 0x2d6a51784c0>]
```

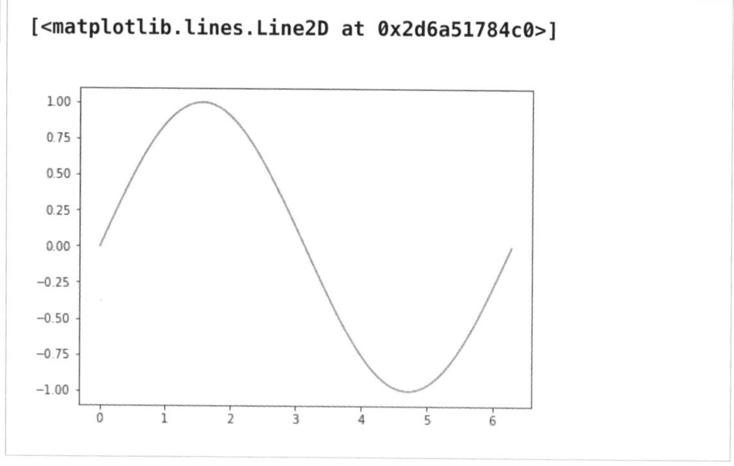

同じ座標系にグラフを重ね書きしていく場合、線は自動で色分けされます。線の色は設定されたカラーサイクルに従って循環します。複数のグラフを重ねた場合、どのグラフがどのデータを表しているのかわかるように凡例を書く必要があります。凡例の文字列は作図メソッドの**label**引数で指定しておきます。**legend**メソッドを呼び出すと凡例が表示され、その引数から凡例の表示位置やスタイルを指定できます。表示位置の指定がなければ、凡例はできるだけグラフと重ならない位置に表示されます（リスト2.42）。

リスト2.42 凡例の設定例

In

```
t = np.linspace(-np.pi, np.pi, 100)
y1 = np.sinc(t)
y2 = np.sinc(2 * t)

fig, ax = plt.subplots(constrained_layout=True)

ax.plot(t, y1, label=r'$¥mathrm{sinc}(t)$')
ax.scatter(t, y2, label=r'$¥mathrm{sinc}(2t)$')
# 凡例の描画
ax.legend()
```

```
<matplotlib.legend.Legend at 0x2d6a527dfd0>
```

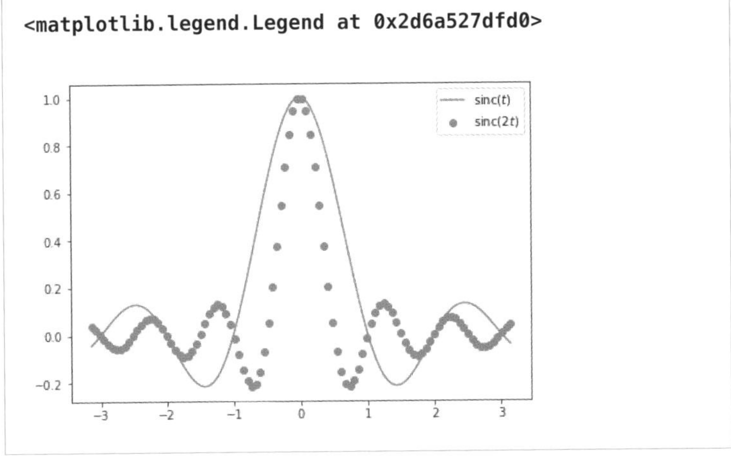

plt.subplots関数を使えば複数のグラフを格子状に並べることもできます。この関数に並べたいグラフの行数と列数を指定すると、それに合わせて

Axesが作成されます。**Axes**はグラフの配置に合わせてNumPyの配列にまとめられており、各**Axes**にはインデキシングでアクセスできます。

リスト2.43では2つのグラフを横に並べています。例のように1行に複数のグラフを並べる場合、作成される**Axes**の配列は1次元配列です。各**Axes**を**axs[0]**のように取得し、作図メソッドを呼び出します。

リスト2.43 **plt.subplots**関数の例②

In

```
x = np.linspace(-1, 1, 100)

fig, axs = plt.subplots(1, 2, figsize=(8, 4),
                        constrained_layout=True)

axs[0].plot(x, x**2)
axs[1].plot(x, x**3)
```

Out

```
[<matplotlib.lines.Line2D at 0x2d6a53ee160>]
```

2-5-2 線やマーカーの設定

作成するグラフの線やマーカーのスタイルは、各作図メソッドの引数から設定できます。リスト2.44では線の種類と幅を設定しています。**plot**メソッドの引数に線種の指定文字（例:**'--'**）を渡します。

線の色は主要な色（例:**'k'**や**'C1'**）の指定文字で指定できます。これらは

'k:'のように、線種の指定文字とまとめて書くことができます。また、折れ線グラフにはデータ点を目立たせるためにマーカーを付けられます。マーカーの指定文字も線の色や線種とまとめて記述できます。

リスト2.44 線の種類、幅の設定例

In

```
x = np.linspace(0, 2 * np.pi, 100)
y = np.sin(x)
y1 = y + 1
y2 = y + 2

fig, ax = plt.subplots(constrained_layout=True)

ax.plot(x, y, '--', label='dashed')
ax.plot(x, y1, 'k:', label='dotted')
ax.plot(x[::11], y2[::11], 'o-', label='marker')
ax.legend()
```

Out

```
<matplotlib.legend.Legend at 0x2d6a5360f70>
```

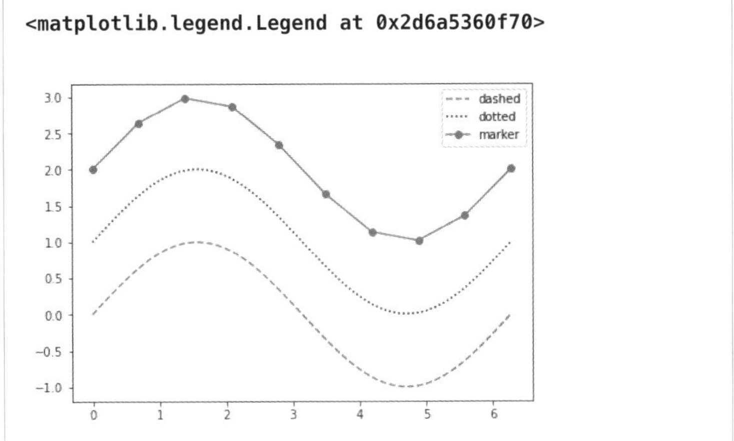

2-5-3 軸ラベルとタイトル

座標軸のラベルやグラフタイトルといったAxesに関する要素はset_から始まる名前のメソッドで作成できます（リスト2.45）。座標軸のラベルはset_

xlabelと**set_ylabel**メソッド、グラフのタイトルは**set_title**メソッドで作成します。

また、Matplotlibで日本語を表示するには、フォントに日本語フォントを指定する必要があります。Windows10には游明朝（Yu Mincho）や游ゴシック（Yu Gothic）といった日本語フォントがあらかじめインストールされています。Matplotlibの諸設定のデフォルト値は**plt.rcParams**にまとめられており、これにアクセスして日本語フォントを設定します。

リスト2.45 日本語フォントの使用例

In

```
# 游明朝フォントを使用する
plt.rcParams['font.family'] = 'Yu Mincho'

t = np.linspace(0, 2, 100)
y = np.exp(t)

fig, ax = plt.subplots(constrained_layout=True)

ax.plot(t, y)
ax.set_xlabel('時間')
ax.set_ylabel('距離')
```

```
Text(0, 0.5, '距離')
```

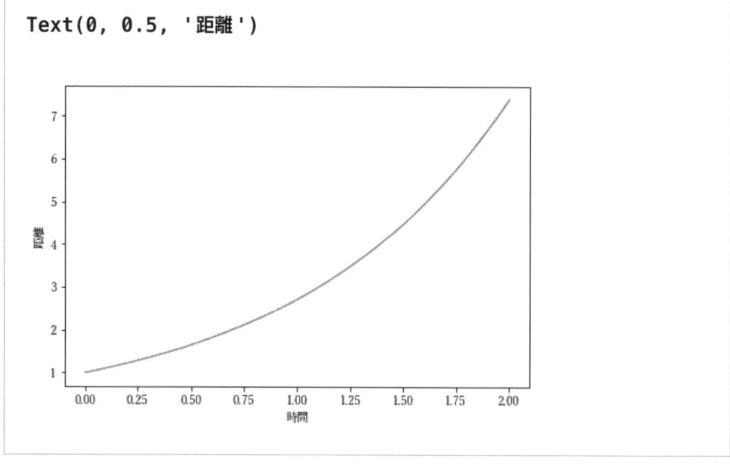

第3章 確率の基本

本章では、統計学の初心者に向けて確率の基本的な用語と性質について解説します。ベイズ統計学の基本を理解するためには、確率と統計について多少の知識が必要になります。もしも確率の基礎知識を持っているという方は、本章を飛ばしてもらっても支障ありません。

3.1 確率

本節では確率の初歩をおさらいします。具体的には確率や事象といった用語を整理します。

3-1-1 確率とは何か

確率（probability）とは、ある**事象**（結果や出来事）が起きることが期待される（確信できる）**度合い**のことです。確率論は確実な予測ができないランダムな現象を定量化して扱うことを目的としています。現実世界におけるほとんどの意思決定には不確実性が伴います。例えばビジネスにおいては、「どのような人がサービスを利用してくれるだろうか」「製品が正常に機能するのはどのくらいの時間で何年以内に交換した方がいいだろうか」といったことを考えることがあります。このような明確な答えのない問題においては、データを収集して結果の可能性を示す確率を計算し、それを意思決定の判断材料として扱うことができます。

確率の簡単な例として、6面のサイコロを振ってどの面が出るかという確率を考えてみます。どの面が出るかは偶然で決まり、確実に予測することはできません。サイコロを1回振ってみるといった実験や観測のことを**試行**（trial）といい、この例の試行では1、2、3、4、5、6のいずれかの面が出るという**結果**（outcome）が起こります。与えられた試行において起こり得る個々の結果のことを**標本点**（sample point）と呼びます。すべての起こり得る結果の集合を**標本空間**（sample space）と呼びます。つまり、6面のサイコロを1回投げた場合の標本空間は$\{1, 2, 3, 4, 5, 6\}$となります。なお、サイコロの例では起こり得る結果の数は有限です。有限とは限界や境界があることで、6面サイコロでは0以下や7以上の結果はありません。また、サイコロの出目のような結果に小数点以下がなく、飛び飛びの値になっているようなデータを**離散型**（discrete type）のデータといいます。

起こり得る結果の数をNで表すことにします。この例では$N = 6$です。サイコロにイカサマがなく、すべての面が出ることが同じ程度期待できるのであれば、3が出るという事象E_3の確率は$1/N$であり$1/6$となります。確率をPと表記すれば、この確率は次のように書くことができます。

$$P(E_3) = \frac{1}{6} \quad \text{(式3.1)}$$

あるサイコロの$P(E_3)$を実験的に推定するには、実際にサイコロを振ってデータを収集します。事例にもよりますが、多くの場合では試行が2回、3回程度では良い推定値は得られず、多くの試行を重ねる必要があります。それではサイコロを10回振った結果、表3.1のようなデータが得られたとします。

表3.1 サイコロを10回振った際の出目の分布

結果	度数	確率
1	1	0.1
2	1	0.1
3	2	0.2
4	3	0.3
5	2	0.2
6	1	0.1
合計	10	1.0

表3.1における**度数**（frequency）という列は各結果が観察された回数を示しています。実験的に得られたデータの分布（散らばり）を示したものは**経験分布**（empirical distribution）と呼ばれ、度数分布は経験分布の一例です。

これをわかりやすく視覚化してみましょう。Pythonでリスト3.1のコードを実行すると度数分布を棒グラフで表した図が作成されます。この図はヒストグラム（histogram）と呼ばれ、データの大きさでいくつか区間を区切り、各区間に含まれるデータの数量を棒グラフで示したものです。その区間を**階級**（bin）と呼び、各区間のデータの数量が度数です。

Pythonではヒストグラムを作る方法はたくさんあり、seabornの**`histplot`**関数はヒストグラムを簡単に作成してくれる便利な関数です。seabornはMatplotlibを基盤にして作られた、統計向けの可視化ライブラリです。seabornにはデータ分析に役立つグラフを作成する関数が多数用意されています。seabornは一般的に**`sns`**という名前でインポートされます。

リスト3.1 度数分布

In

```
import matplotlib.pyplot as plt
import seaborn as sns
```

```
# 日本語フォントを使用
plt.rcParams['font.family'] = 'Yu Mincho'

# サンプルデータを作成
samples = [3, 1, 2, 4, 4, 6, 5, 4, 3, 5]

fig, ax = plt.subplots(constrained_layout=True)

# ヒストグラムを作成
sns.histplot(samples, discrete=True, shrink=.8, ax=ax)
ax.set_xlabel('結果')
ax.set_ylabel('度数')
```

Out

```
Text(0, 0.5, '度数')
```

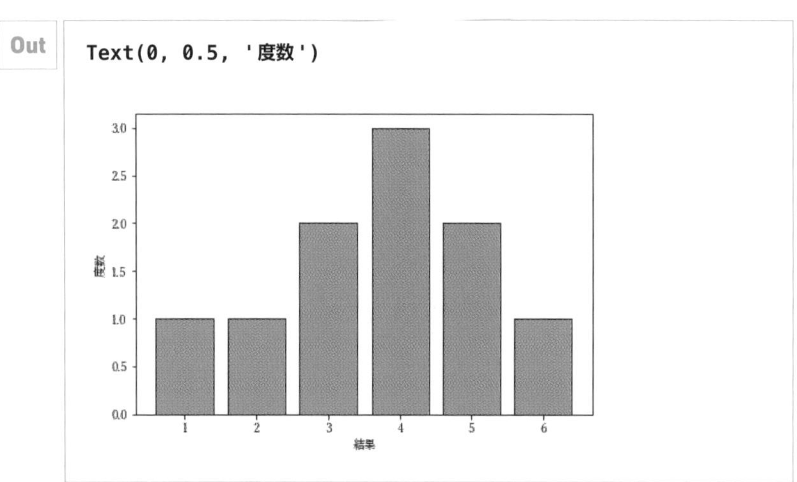

表3.1 の確率の列は各度数を試行回数（度数の合計値）で割ったものです。例えば、3が出た回数（観測された事象の発生数）の確率は$2/10 = 0.2$と求まります。他の結果についても同様に確率推定値を計算できます。リスト3.2 は縦軸を確率としたヒストグラムを作成するコードです。seabornの**histplot**では**stat**引数に**'probability'**と指定することにより、グラフのy軸を確率に変更することができます。

リスト3.2 確率分布

In

```
fig, ax = plt.subplots(constrained_layout=True)

# y軸が確率のヒストグラムを作成
sns.histplot(samples, stat='probability',
             discrete=True, shrink=.8, ax=ax)
ax.set_xlabel('結果')
ax.set_ylabel('確率')
```

```
Text(0, 0.5, '確率')
```

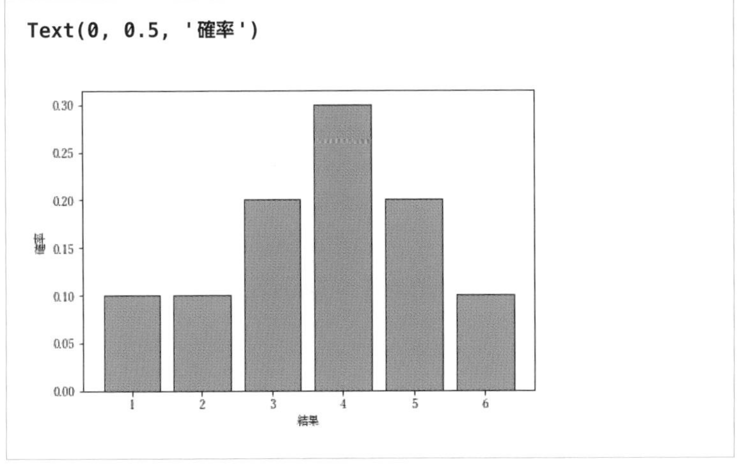

イカサマのないサイコロであった場合、どの面が出るかはすべて同じ確率$1/6 = 0.167$であると仮定できます。リスト3.3はその確率分布を示したものです。このような各事象の確率が同じ分布は**離散一様分布**（discrete uniform distribution）と呼ばれます。なお、これは理論的な確率の分布であり経験分布ではないことに注意してください。

リスト3.3 離散一様分布の例

In

```
samples_u = [1, 2, 3, 4, 5, 6]

fig, ax = plt.subplots(constrained_layout=True)

sns.histplot(samples_u, stat='probability',
             discrete=True, shrink=.8, ax=ax)
```

```
ax.set_xlabel('結果')
ax.set_ylabel('確率')
```

Out

```
Text(0, 0.5, '確率')
```

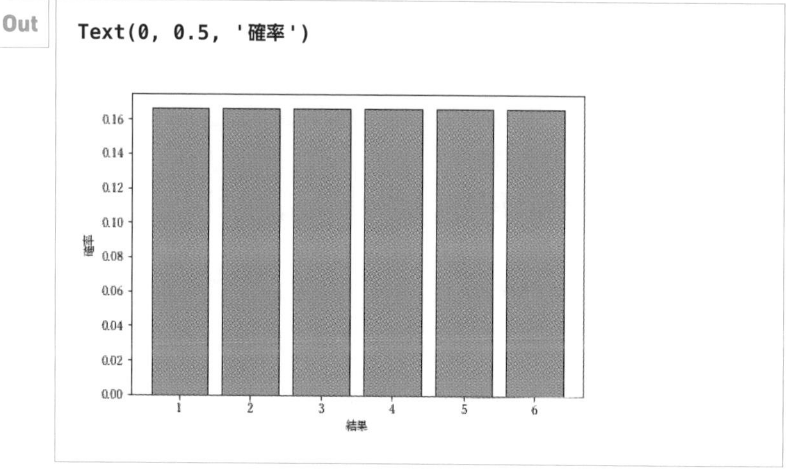

次式は確率論の**大数の法則**（Law of Large Numbers）と呼ばれるもので、多くの試行回数を重ねると確率推定値は理論的な真の確率に近づいていくことを示しています。

$$確率 = \frac{関心のある事象が観測された数}{試行回数} \quad (式3.2)$$

リスト3.4 はサイコロを何度も振って3が出た回数を数え、（3が出た回数/試行回数）の変遷を示す図を表示するコードです。イカサマのないサイコロとしているので、確率推定値は真の確率0.167に収束していきます。

NumPyでは**乱数配列**と呼ばれる、要素がランダムな値である配列を簡単に作ることができます。乱数配列を作るには**np.random.default_rng**関数を使用します。**np.random.default_rng**関数によって作成されるオブジェクトには、様々な乱数配列を作成するメソッドが用意されています。ここで使用している**integers**メソッドは値の区間を指定して整数の一様分布の乱数を作成します。また、作成する配列の形状は**size**引数で指定できます。

乱数を使用するプログラムを作る際、テストのために毎回同じ乱数を作成したいときがあります。NumPyなどで生成される乱数は**擬似乱数**といい、シード（1つの整数）をもとに作られます。**np.random.default_rng**関数の引数にはシードの値を設定することができます。ここではシードの値を**12**にしていますが、その値自体に意味はなく、任意の整数を設定してかまいません。

リスト3.4 確率の収束

In

```
import numpy as np

# 総試行回数
N = 10000
# 試行回数の配列
arr_id = np.arange(1, N+1)
# サイコロの出目の配列
rng = np.random.default_rng(12)
arr = rng.integers(1, 7, N)

fig, ax = plt.subplots(constrained_layout=True)

# (3が出た回数/試行回数)の変遷を示すグラフ
ax.plot(np.cumsum(arr == 3)/arr_id)
# 確率1/6=0.167の位置を示す水平線
ax.axhline(1/6, ls='--')
ax.set_xlabel('試行回数')
ax.set_ylabel('確率')
ax.set_ylim([0, .3])
ax.grid()
```

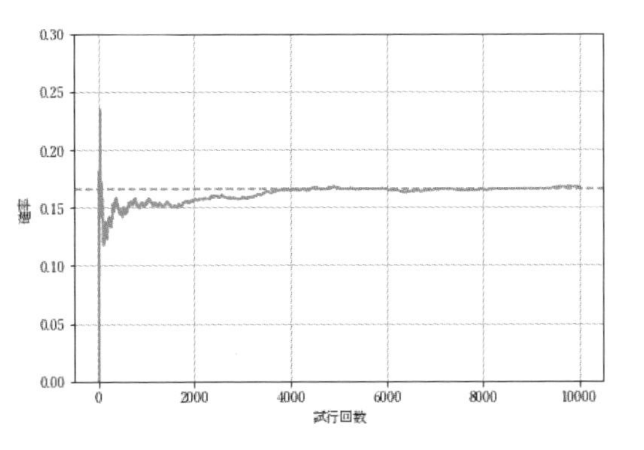

3-1-2 事象、余事象

試行によって起こった結果を**事象**（event）といいます。サイコロの例では3の目が出る事象をE_3と表していました。事象に属する結果の集合を$\{\}$で示せば$E_3 = \{3\}$や$E_4 = \{4\}$のようになります。

さらに事象を任意のグループに分けることができます。つまり事象とは結果の特定の集合であり、標本空間の部分集合です。例えば、偶数の目が出る事象Aは$A = \{E_2, E_4, E_6\}$と表せます。この事象Aのような分解が可能な事象を**複合事象**（compound event）といい、E_1のようにこれ以上分解することのできない事象を**根元事象**（elementary event）といいます。

奇数の目が出る事象は偶数の目が出ない事象のことなので$\overline{A} = \{E_1, E_3, E_5\}$となります。この$\overline{A}$を$A$の**余事象**（complementary event）といい、Aと$\overline{A}$は同時に起こることはありません。

2つの事象が同時に発生しないことを**互いに排反**（mutually exclusive）といいます。事象が互いに排反である場合にはそれぞれの事象の確率を足し合わせることができます。例えば、サイコロの出目の事象は互いに排反です。そのため、偶数の目が出る確率は次のように計算できます。

$$
\begin{aligned}
P(A) &= P(E_2 \cup E_4 \cup E_6) = P(E_2) + P(E_4) + P(E_6) \\
&= \frac{1}{6} + \frac{1}{6} + \frac{1}{6} = \frac{1}{2}
\end{aligned}
\qquad \text{（式3.3）}
$$

この式で使われている$\cup$は和集合を表す数学記号です。つまり、$P(E_2 \cup E_4 \cup E_6)$はE_2またはE_4またはE_6が起きる確率です。

事象Aとその余事象$\overline{A}$は互いに排反です。そしてAと$\overline{A}$は**網羅的**（exhaustive）な事象です。つまり、両者は同時に発生せず、必ず両者の中のどちらかだけが発生します。よって、2つの事象の確率の和は1となり、$P(\overline{A})$は次のように計算することができます。

$$
P(\overline{A}) = 1 - P(A) = 1 - \frac{1}{2} = \frac{1}{2} \qquad \text{（式3.4）}
$$

3.2 条件付き確率

本節では条件付き確率という非常に重要な概念について説明します。条件付き確率はベイズ統計学の理解に必要となります。

3-2-1 同時確率、周辺確率

ある100人の集団を考え、それを標本空間Uとします。この人達が眼鏡をかけているかを調べたとしましょう。起こり得る結果としては眼鏡をかけている人と眼鏡をかけていない人がいます。事象Aは眼鏡をかけている、事象$\overline{A}$は眼鏡をかけていないことを表すとします。これら2つの事象は互いに排反です。

事象Aの人数を$|A|$と表記するとします。なお、この垂直線は絶対値の意味ではないので注意してください。調査の結果100人中30人が眼鏡をかけていた場合、事象Aの人数は次のように書けます。

$$|A| = 30 \quad \text{(式3.5)}$$

当然ですが$|A|$は標本空間Uの人数$|U|$以下になります。

Aと$\overline{A}$は互いに排反な事象です。そのため$|\overline{A}|$は次のように求めることができます。

$$|\overline{A}| = |U| - |A| = 100 - 30 = 70 \quad \text{(式3.6)}$$

これをベン図で表したものが図3.1です。ベン図は複数の集合の関係や範囲を視覚的に表現したものです。枠全体で標本空間Uを表しています。Uの100人がAと$\overline{A}$に振り分けられています。円はAを表し、眼鏡をかけている人はこの円の内側、かけていない人は円の外側にいます。Aは30人で構成され、$\overline{A}$は70人で構成されています。

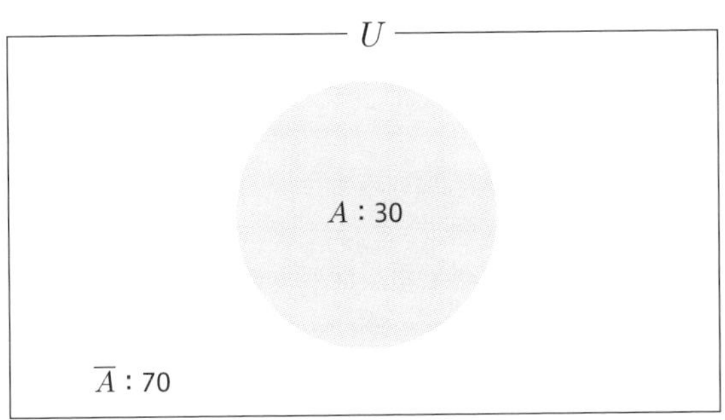

図3.1 事象Aのベン図

この集団の中で眼鏡をかけている人の確率$P(A)$は(式3.7)で求めることができます。この確率は全体の人数に対するAに含まれる人数の割合で決まります。つまり、集団の中からランダムに選択された人が眼鏡をかけている確率は0.3です。

$$P(A) = \frac{|A|}{|U|} = 0.3 \qquad \text{(式3.7)}$$

同様に眼鏡をかけていない人の確率$P(\overline{A})$は次のように求まります。

$$P(\overline{A}) = \frac{|\overline{A}|}{|U|} = 0.7 \qquad \text{(式3.8)}$$

次に、Uの中で腕時計をつけているかどうかでグループ分けします。事象Bは腕時計をつけている、事象$\overline{B}$は腕時計をつけていないことを表しています。それぞれの事象の人数は$|B| = 20$と$|\overline{B}| = 80$とします。

さて、AとBが同時に起きる、つまり眼鏡と腕時計の両方を着用している人を考えます。このAかつBの事象は$A \cap B$と表します。$\cap$は集合の共通部分を表す数学記号で、共通部分として定義される事象を**積事象**（intersection of events）と呼びます。この例ではAとBとそれぞれの余事象を考えているので、積事象の組み合わせは4つあります。例えば、眼鏡も腕時計も着用していない事象は$\overline{A} \cap \overline{B}$となります。

積事象の人数も調査した結果が 表3.2 となったとします。表から$|A \cap B| = 0$や$|\overline{A} \cap \overline{B}| = 50$などが読み取れます。また、一番右の列は腕時計をつけている人とつけていない人の合計、一番下の行は眼鏡をかけている人とかけていない人の合計を表しています。一番右下の項目は全人数である$|U|$を示しています。

表3.2 事象Aと事象Bが互いに排反である場合の度数表

	A	$\overline{A}$	合計
B	0	20	20
$\overline{B}$	30	50	80
合計	30	70	100

図3.2 はこの結果をベン図で視覚化したものです。グループを表す円が2つあり、薄い色の円がA、濃い色の円がBのグループを表しています。薄い色の円の中には30人、濃い色の円の中には20人の人がいます。AとBには共通部分がなく、2つの円は重なっていません。つまり、これら2つの事象は同時には起こらないので互いに排反な事象です。

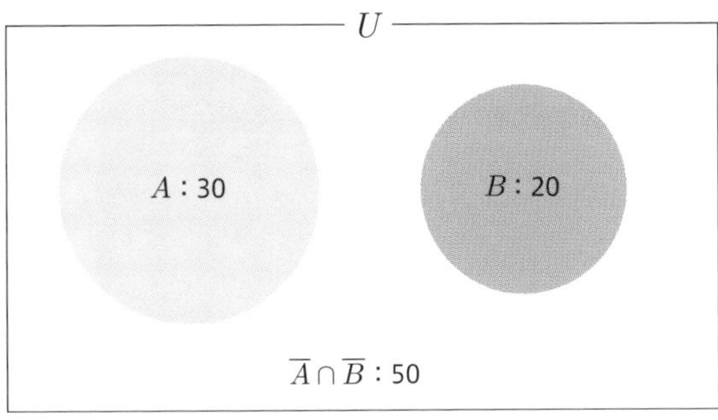

図3.2 事象Aと事象Bが互いに排反である場合のベン図

次に、眼鏡と腕時計の両方を着用している人が5人いたとします。この場合には各事象の人数は表3.3のようになります。

表3.3 事象Aと事象Bが互いに排反でない場合の度数表

	A	$\overline{A}$	合計
B	5	15	20
$\overline{B}$	25	55	80
合計	30	70	100

また、これをベン図で表すと図3.3になります。今度はAとBを表す円に重なりがあります。薄い色の円の中には30人、濃い色の円の中には20人がいることは変わりません。2つの円の共通部分が$A \cap B$を表し、この中に眼鏡と腕時計の両方を着用している人が5人います。このように2つの事象に重なりがある場合、それらの事象は互いに排反ではありません。

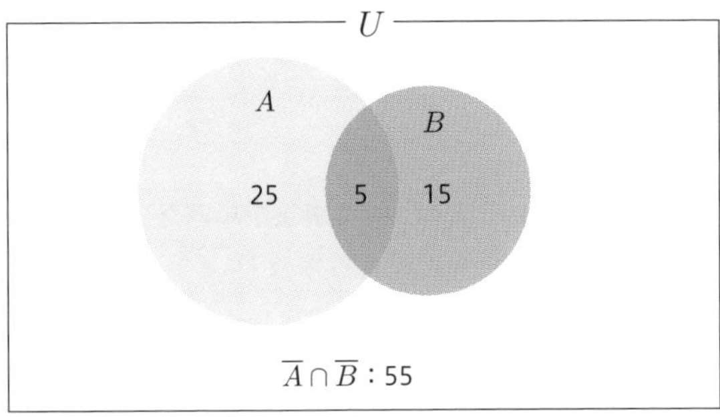

図3.3 事象Aと事象Bが互いに排反でない場合のベン図

それでは想定している各事象の確率を求めてみましょう。これは簡単に計算でき、各事象の人数を標本空間Uの人数である$|U| = 100$で割ることで求まります。よって、表3.4のような確率の表が得られます。

表3.4 同時確率と周辺確率

	A	$\overline{A}$	合計
B	0.05	0.15	0.2
$\overline{B}$	0.25	0.55	0.8
合計	0.3	0.7	1

具体的に数式での計算を見てみましょう。ある人が眼鏡をかけ、かつ腕時計をつけている確率$P(A \cap B)$を知りたいとします。$A \cap B$の人数を$|A \cap B|$と書くことから、この確率は次式で求まります。

$$P(A \cap B) = \frac{|A \cap B|}{|U|} = 0.05 \quad \text{(式3.9)}$$

このように複数の事象が同時に発生する確率は**同時確率**（joint probability）と呼ばれます。眼鏡をかけ、かつ腕時計をつけている同時確率は0.05であるということです。なお、$A \cap B$と$B \cap A$はどちらもAとBの共通部分を表しているので以下の関係が成り立ちます。

$$P(A \cap B) = P(B \cap A) \quad \text{(式3.10)}$$

同時確率ではない確率$P(A)$や$P(\overline{A})$は**周辺確率**（marginal probability）といいます。周辺確率は他の事象に関係なく、ある1つだけの事象の確率を指します。例えば、眼鏡をかけている周辺確率$P(A)$は0.3、腕時計をつけている周辺確率$P(B)$は0.2です。

3-2-2 条件付き確率

条件付き確率（conditional probability）とは、ある事象が起きたという条件のもとで別の事象が起きる確率のことです。条件付き確率は$P(A \mid B)$のように書きます。$P(A \mid B)$は事象Bが起きたときの事象Aの確率という意味になります。

例えば、腕時計をつけている人が眼鏡をかけている確率は次の式で計算できます。

$$P(A \mid B) = \frac{P(A \cap B)}{P(B)} \quad \text{(式3.11)}$$

条件付き確率を理解することは大切なので、この式を詳しく見ていきます。右辺の分子の$P(A \cap B)$はベン図の中でAとBの領域が重なる部分であることはすでに説明しました。そして、分母$P(B)$が腕時計をつけている人の確率であることがわかります。図3.4のベン図を見てみると、Bの領域の中に$P(A \cap B)$の領域があることが確認できます。つまり、（式3.11）の条件付き確率は領域Bの中の領域$A \cap B$の割合と考えることができます。

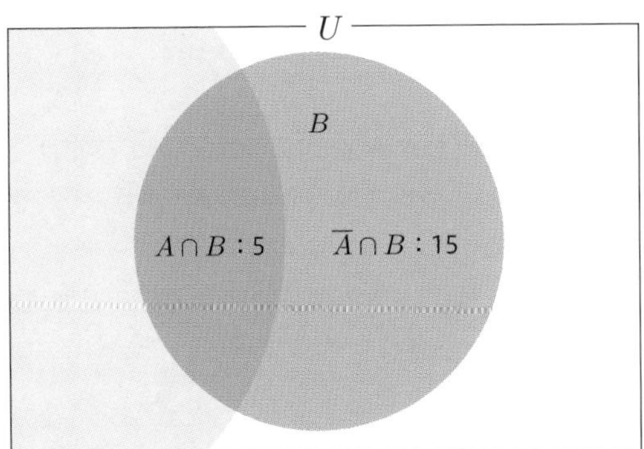

図3.4 事象Bの状況

この例では腕時計をつけている20人のうち5人が眼鏡をかけているとしています。したがって$P(A \mid B) = 5/20 = 0.25$であることがわかります。また同様に$P(\overline{A} \mid B) = 15/20 = 0.75$となります。これらの確率の和は1であることに注意してください。

$$P(A \mid B) + P(\overline{A} \mid B) = 1 \quad \text{(式3.12)}$$

（式3.11）の数式から確率を求める方法もやってみましょう。$P(A \cap B)$は次のように計算されます。

$$P(A \cap B) = \frac{|A \cap B|}{|U|} = \frac{5}{100} \quad \text{(式3.13)}$$

また、$P(B)$は次で求まります。

$$P(B) = \frac{|B|}{|U|} = \frac{20}{100} \quad \text{(式3.14)}$$

以上から条件付き確率は（式3.11）を使って次のように計算することができます。

$$P(A \mid B) = \frac{|A \cap B|}{|U|} \div \frac{|B|}{|U|} = \frac{5}{100} \div \frac{20}{100} = 0.25 \qquad \text{(式3.15)}$$

条件付き確率の性質として$P(A \mid B) = P(B \mid A)$が成り立つかを調べてみましょう。つまり、腕時計をつけている人のうち眼鏡をかけている人の確率と、眼鏡をかけている人のうち腕時計をつけている人の確率は同じでしょうか。後者の確率$P(B \mid A)$を計算すると次のようになります。

$$P(B \mid A) = \frac{|A \cap B|}{|U|} \div \frac{|A|}{|U|} = \frac{5}{100} \div \frac{30}{100} \fallingdotseq 0.167 \qquad \text{(式3.16)}$$

（式3.15）と（式3.16）の結果を比べるとわかるように、この2つの確率は全く異なります。この$P(A \mid B)$と$P(B \mid A)$については重要な関係があり、それを次章で詳しく説明します。

（式3.11）は条件付き確率と周辺確率と同時確率の関係を表している式です。この式を変形すれば、同時確率$P(A \cap B)$を条件付き確率$P(A \mid B)$と周辺確率$P(B)$の積で計算できるということがわかります。

$$P(A \cap B) = P(A \mid B)P(B) \qquad \text{(式3.17)}$$

最後に余談ですが、一方の事象の発生が他方の事象の発生の確率を変えない場合、2つの事象は**独立**（independent）しているといいます。これは、次のことを意味します。

$$P(A \mid B) = P(A \mid \overline{B}) = P(A) \qquad \text{(式3.18)}$$

そのため、AとBが独立であれば同時確率は次で計算できます。

$$P(A \cap B) = P(A)P(B) \qquad \text{(式3.19)}$$

また証明などは省略しますが、AとBが互いに排反でない場合にはAまたはBが発生する確率$P(A \cup B)$は（式3.20）で計算できます。なお、以前にも少し触れましたがAとBが互いに排反である場合、$P(A \cap B) = 0$なので$P(A \cup B)$は$P(A)$と$P(B)$を足すだけで求まります。

$$P(A \cup B) = P(A) + P(B) - P(A \cap B) \qquad \text{(式3.20)}$$

さらにAとBが独立である場合、（式3.19）と（式3.20）から$P(A \cup B)$は次のような簡単な式で計算できます。

$$P(A \cup B) = P(A) + P(B) - P(A)P(B) \qquad \text{(式3.21)}$$

第4章 ベイズの定理とベイズ推定

本章ではベイズ推定の概要とその例を紹介します。ベイズ統計学において、確率は観察された結果の割合の尺度としてではなく、主観的に事柄（信念）をどの程度信じるかの尺度として扱われます。ベイズ推定の文脈では、データを観測した後にその信念の度合いを更新する規則として、ベイズの定理という規則が使用されます。

4.1 ベイズの定理

この節ではベイズの定理を導出していきます。ベイズの定理の概要を掴み、条件付き確率$P(A \mid B)$と$P(B \mid A)$の関係を理解しましょう。

4-1-1 ベイズの定理の導出

ベイズ統計学の中核を担う定理が**ベイズの定理**（Bayes' theorem）です。ベイズの定理を導出するために、第3章で学習した条件付き確率について再確認しましょう。AとBの同時確率は以下の2つの式のように、条件付き確率と周辺確率の積で計算できます。

$$P(A \cap B) = P(A \mid B)P(B) \qquad \text{（式4.1）}$$

$$P(B \cap A) = P(B \mid A)P(A) \qquad \text{（式4.2）}$$

$P(A \mid B)$はBが与えられたときのAの条件付き確率を表しています。$P(A \mid B)$は必ずしも$P(B \mid A)$と同じではありません。AとBの同時確率については次の関係があり、同時確率は（式4.1）と（式4.2）のどちらで計算しても同じ結果になります。

$$P(A \cap B) = P(B \cap A) \qquad \text{（式4.3）}$$

以上の3つの式から次の関係が成り立ちます。

$$P(A \mid B)P(B) = P(B \mid A)P(A) \qquad \text{（式4.4）}$$

この式の両辺を$P(B)$で割るとベイズの定理が得られます。

$$P(A \mid B) = \frac{P(B \mid A)P(A)}{P(B)} \qquad \text{（式4.5）}$$

ベイズの定理は$P(A)$、$P(B)$、$P(A \mid B)$、$P(B \mid A)$の間の関係を表しています。ベイズの定理の大切なポイントは、ベイズの定理が条件付き確率を計算する式であり、この章の焦点である$P(A \mid B)$と$P(B \mid A)$の関係を説明していることです。つまりベイズの定理はある条件付き確率$P(A \mid B)$がわかっているとき、その逆である$P(B \mid A)$を求めるために使用できます。

前章の3.2.2項で求めた$P(A \mid B)$をベイズの定理を使って計算してみましょ

う。（式4.5）の右辺に値を代入することで$P(A \mid B)$は次のように求まります。

$$P(A \mid B) = \frac{P(B \mid A)P(A)}{P(B)} = \frac{\frac{1}{6} \times \frac{30}{100}}{\frac{20}{100}} = \frac{1}{4} = 0.25 \quad \text{(式4.6)}$$

4-1-2 ベイズの定理の利用例

架空の病気の検査を例として、ベイズの定理の利用方法を説明します。日本国内で、ある病気の患者の割合は0.1%であるとわかっているとします。その病気を発見する検査法は、病気に罹患している人のうち99%の人が陽性反応を示します。また、病気でない健康な人が検査を受けても3%の人が陽性反応を示してしまいます。さて、日本国内に住むDさんがこの検査を受けたら陽性反応が出ました。Dさんが病気に罹患している確率はどのくらいでしょうか。

この例題の事象を以下のように表すとしましょう。また、事象の関係は図4.1となります。

- 事象A：病気である
- 事象$\overline{A}$：健康である
- 事象B：検査結果が陽性
- 事象$\overline{B}$：検査結果が陰性

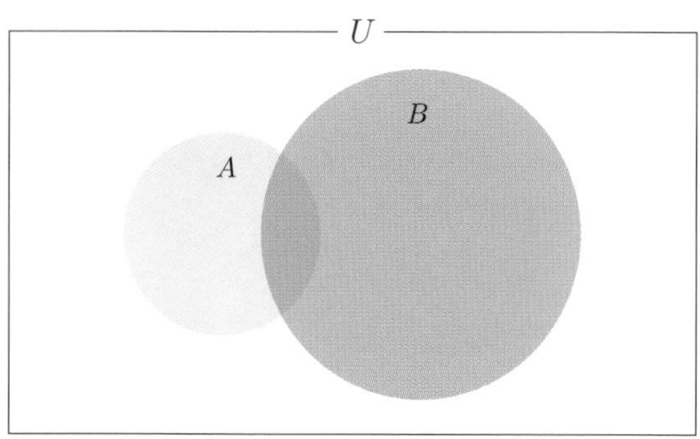

図4.1 状況の整理

Dさんが検査を受けて陽性反応が出た場合、実際に病気に罹患している確率$P(A \mid B)$をベイズの定理を使って求めてみましょう。この例の特殊なところは、架空の設定ではありますが、すでに客観的なデータが得られているとして周辺確率$P(A)$などが定まっていることです。ベイズの定理の（式4.5）に値を代入していくだけで目的の条件付き確率が求まります。

標本空間は病気の検査を受けているすべての人で構成されています。この人達の中で0.1%がその病気になっているので、逆に99.9%の人は病気ではありません。これらは確率$P(A)$と$P(\overline{A})$なので次のように書けます。

$$P(A) = 0.001 \quad \text{（式4.7）}$$

$$P(\overline{A}) = 0.999 \quad \text{（式4.8）}$$

また、病気の患者が検査を受けると陽性の結果となる確率が99%とわかっています。これは条件付き確率であり次式で表されます。

$$P(B \mid A) = 0.99 \quad \text{（式4.9）}$$

次にベイズの定理を利用するために周辺確率$P(B)$を求めていきます。まずは病気であり、かつ検査結果が陽性である同時確率$P(B \cap A)$を計算します。（式4.2）を使うことで、次のようにその確率を計算できます。

$$P(B \cap A) = P(B \mid A)P(A) = 0.99 \times 0.001 = 0.00099 \quad \text{（式4.10）}$$

病気であるが検査結果が陰性となる確率は、単純な引き算で次のように計算することができます。

$$P(\overline{B} \cap A) = 0.001 - 0.00099 = 0.00001 \quad \text{（式4.11）}$$

また、問題文の中では病気でない場合に陽性の検査結果が出る確率が与えられています。これは次のような条件付き確率です。

$$P(B \mid \overline{A}) = 0.03 \quad \text{（式4.12）}$$

同時確率の$P(\overline{A} \cap B)$か$P(\overline{A} \cap \overline{B})$のどちらかが求まれば$P(B)$を計算できます。（式4.1）をもとに、病気でなく検査が陽性である場合の同時確率$P(\overline{A} \cap B)$は次のように求められます。

$$P(\overline{A} \cap B) = P(B \mid \overline{A})P(\overline{A}) = 0.03 \times 0.999 = 0.02997 \quad \text{（式4.13）}$$

（式4.10）と（式4.13）から検査結果が陽性である周辺確率$P(B)$が求まります。

$$P(B) = P(A \cap B) + P(\overline{A} \cap B) = 0.00099 + 0.02997 = 0.03096 \quad \text{(式4.14)}$$

以上の計算結果を用いて、陽性の検査結果の場合に病気に罹患している確率$P(A \mid B)$は次のように推定できます。

$$P(A \mid B) = \frac{P(B \mid A)P(A)}{P(B)} = \frac{0.99 \times 0.001}{0.03096} \fallingdotseq 0.032 \quad \text{(式4.15)}$$

つまり、検査を受けて陽性反応であった場合、その人が病気である確率は3.2%ということがわかりました。99%の感度の検査をしたのに3.2%は意外と小さいと感じるかもしれません。これは病気の人は稀で、健康な人の方がずっと多い中での検査だったためです。健康な人でも3%の誤った反応が出るので、そのケースが無視できないほど大きい数値だったということです。

しかし、病気である確率は何も検査をしないと0.1%でした。検査によって陽性反応が観測されることで、病気である確率が3.2%に上がりました。32倍の変化であり、このまま問題なしといえるわけではないので注意してください。

ここで、ベイズの定理の式の中の数式について少し考えてみましょう。まずはベイズの定理の（式4.5）の左辺にある$P(A \mid B)$と右辺にある$P(B \mid A)$に注目してみてください。これはAとBの位置が逆です。ベイズの定理の「Bが発生した前提でAが発生する確率」は、逆の「Aが発生した前提でBが発生する確率」から計算できることを意味しています。片方の条件付き確率は、もう一方のものよりも簡単に求めることができる場合があります。この例題では「検査が陽性であった場合に病気である確率」を、逆の「病気であった場合に検査が陽性になる確率」から計算しました。この逆の条件付き確率は逆確率（inverse probability）と呼ばれます。以上のように、ベイズの定理は2つの事象に関する確率$P(A \mid B)$と、その逆確率である$P(B \mid A)$を関係付ける定理といえます。

次に式の左辺にある$P(A \mid B)$と右辺にある$P(A)$に注目してみてください。$P(A)$は日本国内の患者の割合、つまり検査を受ける前に病気である確率を表しています（図4.2）。

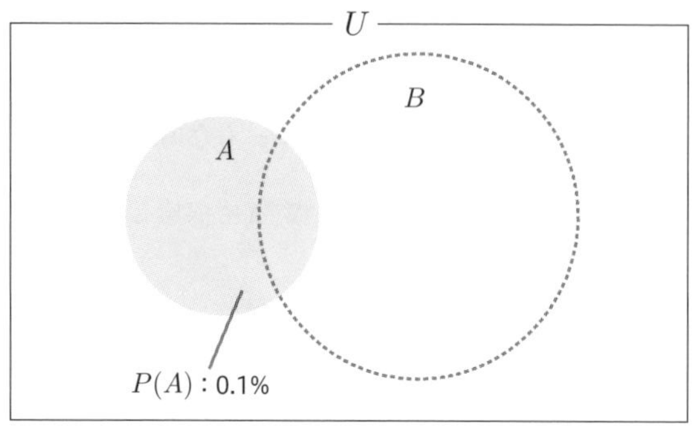

図4.2 検査を受ける前の病気の確率

$P(A \mid B)$は検査を受けて陽性反応であった場合に、その人が病気である確率を表しています。これは陽性である事象Bを全体と考え、その中である人が病気である確率をベイズの定理を使って再計算したことになります（図4.3）。

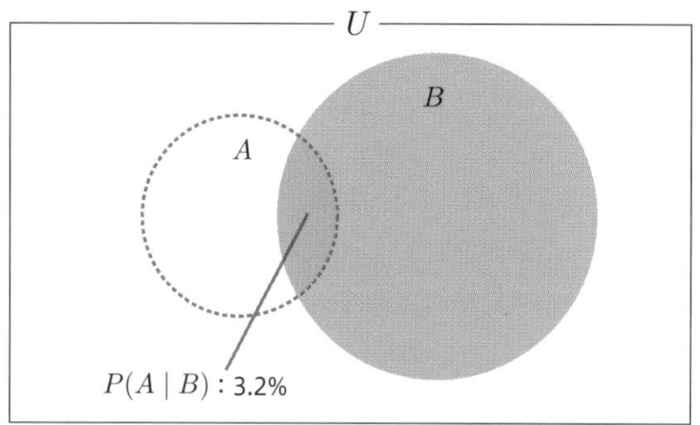

図4.3 検査を受けて陽性反応であった場合の病気の確率

この$P(A)$を**事前確率**（prior probability）、$P(A \mid B)$を**事後確率**（posterior probability）と呼びます。事後確率は逆確率の別名でもあります。

この例における検査を受けるということは、データを収集する、観測するということです。ベイズの定理は、観測を通じて事前確率をもとに事後確率を計算するための式といえます。今回の例題では、検査で陽性反応が出たという観測結果から、病気に罹患している確率を計算しました。

4.2 ベイズ推定

ベイズの定理がどのように利用できるかを、より詳しく見ていきましょう。本節では、ベイズ統計学による確率の推定手法であるベイズ推定の基本的な考え方を説明します。

4-2-1 ベイズ推定

自分が信じる**事柄**（信念）のことを**仮説**（hypothesis）と呼びます。仮説は1つである必要はなく、互いに**排反な仮説**（対立仮説）の集合を考えることができます。各仮説には主観的な信念の度合いとして事前確率を設定します。新しくデータを観測した結果、各仮説に対する信念の度合いが更新されます。その更新の規則がベイズの定理であり、更新された信念の度合いが事後確率です。ベイズの定理を用いて各仮説の事前確率を事後確率に更新することをベイズ更新と呼びます。そして、このようなベイズ更新による統計的推論手法が**ベイズ推定**（Bayesian inference）です。

ベイズ推定の文脈でベイズの定理を利用するため、ベイズの定理を表す（式4.5）を変形します。まずは分母の周辺確率$P(B)$を、同時確率の和に置き換えます。

$$P(A \mid B) = \frac{P(B \mid A)P(A)}{P(A \cap B) + P(\overline{A} \cap B)} \quad \text{(式4.16)}$$

分母の同時確率は、以下の条件付き確率と周辺確率の積に置き換えることができます。

$$P(A \cap B) = P(B \mid A)P(A) \quad \text{(式4.17)}$$

$$P(\overline{A} \cap B) = P(B \mid \overline{A})P(\overline{A}) \quad \text{(式4.18)}$$

この2つの式を（式4.16）に代入することでベイズの定理は次のように表せます。

$$P(A \mid B) = \frac{P(B \mid A)P(A)}{P(B \mid A)P(A) + P(B \mid \overline{A})P(\overline{A})} \quad \text{(式4.19)}$$

この形のベイズの定理は、競合する仮説に関する推論作業の文脈に合っています。この式を用いて前節の例をベイズ推定の問題として考えてみましょう。

通常、ベイズ推定は複数の仮説を決めることから始まります。病気に関して2つの互いに排反な仮説があります。つまり、病気である（A）と病気でない（$\overline{A}$）という仮説です。各仮説の事前確率は$P(A)$と$P(\overline{A})$です。

次に、データを収集します。ここでは検査結果が観測データです。Bは観測されたデータの事象を表しています。なお、陰性であるかの検査はしていないので$\overline{B}$は問題には出てきません。

最後に、ベイズの定理を用いて検討中の仮説の確率を更新します。事後確率はデータが与えられた後の条件付き確率であり、データが収集されることで更新された仮説に対する信念の度合いを表しています。つまり、各仮説の事後確率は検査が陽性の場合に病気である確率$P(A \mid B)$と、検査が陽性の場合に病気でない確率$P(\overline{A} \mid B)$です。

（式4.19）に数値を代入してAの仮説の事後確率$P(A \mid B)$を求めると次のようになります。

$$P(A \mid B) = \frac{0.99 \times 0.001}{0.99 \times 0.001 + 0.03 \times 0.999} \fallingdotseq 0.032 \qquad \text{(式4.20)}$$

当然この式で計算しても結果は3.2%で変わりません。しかし、この形式ではデータが観察されたことで、各仮説に対する確信度が更新される文脈がわかりやすくなります。この例では、病気である、病気でないという2つの仮説があります。最初に、ある人が病気であるという信念は0.1%であり、病気でないという信念は99.9%でした。しかし、検査によってデータを収集し、ベイズの定理を使うことで、最初にあった確信度を更新することができました。新しいデータに照らすと、病気である確率は3.2%となります。一方、$\overline{A}$の仮説の事後確率$P(\overline{A} \mid B)$の方もベイズの定理で求めても良いですが、2つの仮説は排反であり網羅的であるため$1 - 0.032 = 0.968$と計算することができます。

データを収集してベイズの定理を適用するたび、各仮説に対する確信度が更新されます。つまりもっとデータが収集できた場合は、求めた事後確率を事前確率の値として設定し、再度ベイズの定理を使用することで事後確率を更新できます。

病気の検査で病気である確率は0.1%から3.2%に上がりました。これだけでは病気であるリスクがわからないので、別の方法でも検査することになったとします。今度の検査では、その病気の患者が受けると98%の人が陽性反応を示し、その病気でない健康な人でも2%の人が陽性反応を示します。

同じような精度の検査にも思えますが、この検査を受けるのは病気の確率が

0.1%の人ではなく、前回の検査によって見つかった病気の確率が3.2%の人です。つまり、事前確率には3.2%を使うことになります。1回目の観測で得られた事後確率が、そのまま2回目の観測の事前確率となります。

ベイズの定理を用いて事後確率を計算します。必要な4つの確率と値は以下のようになります。

- $P(B \mid A)$：病気の患者が陽性反応を示す確率 0.98
- $P(B \mid \overline{A})$：健康な人が陽性反応を示す確率 0.02
- $P(A)$：現時点（2回目の検査の前）で病気である確率 0.032
- $P(\overline{A})$：現時点で健康である確率 0.968

（式4.19）のベイズの定理を使い、事象Bが起こったという前提で事象Aが発生する確率$P(A \mid B)$は次のように求めることができます。

$$P(A \mid B) = \frac{0.98 \times 0.032}{0.98 \times 0.032 + 0.02 \times 0.968} \fallingdotseq 0.618 \quad \text{（式4.21）}$$

2回目の検査でも陽性反応が出てしまうと、病気である確率は3.2%から61.8%に上がってしまいます。以上のように、新しくデータを収集してベイズ更新を続けることで、仮説に対する確信の度合いが更新されていきます。

4-2-2 複数の離散仮説を用いたベイズ推定

問題によっては仮説を2つ以上定めることもできます。その場合を考え、問題を一般化してみましょう。仮説がn個あり、各仮説の番号を$i = 1$からnまで付けます。これらの仮説は網羅的で相互に排他的であることに注意してください。仮説をHで表記するとして各仮説を$H_1, H_2, ..., H_n$と表します。これでベイズの定理が（式4.22）のように書けるようになりました。

$$P(H_i \mid data) = \frac{P(data \mid H_i)P(H_i)}{\sum_{j=1}^{n} P(data \mid H_j)P(H_j)} \quad \text{（式4.22）}$$

例えば、病気の検査の問題では2つの仮説があったので$n = 2$です。仮説H_1は病気である仮説とし、H_2は病気でない仮説とすることができます。

ここで、$data$は観測したデータの事象を表しています。分母にある$\sum$は総和を意味する数学記号です。iは特定の仮説を示す指標であるのに対し、jは足し合わされる項を示す指標です。つまり、仮説が2つであれば分母は$P(data \mid H_1)$

$P(H_1) + P(data \mid H_2)P(H_2)$となります。

（式4.22）の右辺の$P(H_i)$は仮説H_iの事前確率です。式の左辺の$P(H_i \mid data)$はデータ$data$が得られたときの仮説H_iの事後確率です。$P(data \mid H_i)$は仮説H_iのもとで$data$が得られる確率です。この確率のことを**尤度**（likelihood）と呼んで区別します。通常の確率は将来に出来事が発生する度合いを表しますが、尤度はすでに起こった出来事があり、ある仮説を正しいと仮定した状況でその出来事が起きる度合いを表しています。つまり、すでにデータは観測されており、ある仮説のもとでそれが観測される度合いを表す仮定の確率です。尤度については今後の章でも詳しく説明するので、今のところは概要を知っておくだけで十分です。

具体的に複数の離散仮説がある問題のベイズ推定を行ってみましょう。

真っ暗な部屋に同じ形の3つの箱が置いてあるとします。それぞれの箱には1、2、3と番号が書かれています。各箱の中には触っただけではそれぞれを区別できないボールが10個入っています。ボールの色には白と赤の2種類があり、10個のボールのうち赤いボールは各箱に2個、3個、4個入っています。Aさんにその部屋に行って手探りで箱を1つ選び、その箱からボールを1つ取って来てもらうとします。そのボールの色から、選んだ箱がどの箱であるかをベイズ推定のアプローチで考えてみましょう。

まずは仮説を定めます。箱は3個あるので、選ばれる箱について3個の離散的な仮説があります。仮説は互いに排反であり、網羅的でもあります。選んだ箱が1番の箱である仮説はH_1とします。ほかの箱の仮説についても同様にH_2とH_3と表記するとします。

次に、それぞれの仮説が真であるという確信の度合いを確率で表しましょう。これを行うのは、どの仮説が正しいかはわからないからです。1番の箱である仮説の事前確率を$P(H_1)$とするように、各仮説の事前確率を表します。一般的な問題では、どのようにして事前確率を設定するのかは自分で考えなければなりません。事前確率の組み合わせは無限に考えられます。ただし、この例題においては全仮説の事前確率の合計値が1になることだけは決まっています。

暗闇の中でどの箱が選ばれるかはわかりません。そのため、事前確率は主観的に割り当てるしかありません。それぞれの仮説に対して同じ値の事前確率を設定したとしましょう。事前分布を構成する確率の和は1でなければならないので、各仮説の確率は$1/3 \fallingdotseq 0.333$です。リスト4.1で作成されるグラフは、各仮説と事前確率をグラフで表したものです。事前確率の分布は**事前確率分布**（prior probability distribution）や、単に事前分布と呼ばれます。

リスト4.1 事前に情報がない場合の事前分布の例

In

```
import matplotlib.pyplot as plt
import numpy as np

plt.rcParams['font.family'] = 'Yu Mincho'

# 仮説のインデックスの配列
n = 3
index = np.arange(1, n + 1)

# 仮定した事前分布の配列
prior_non = np.ones(n) / n

fig, ax = plt.subplots(constrained_layout=True)

ax.bar(index, prior_non)
ax.set_xticks(index)
ax.set_xticklabels([r'$H_1$', r'$H_2$', r'$H_3$'])
ax.set_xlabel('仮説')
ax.set_ylabel('確率')
```

Out

```
Text(0, 0.5, '確率')
```

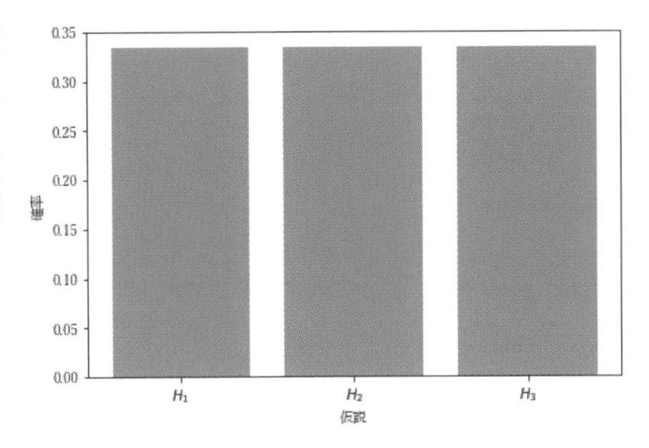

この分布のx軸は仮説、y軸はそれらの確率を表します。仮説間の確率の和は1でなければなりません。これは仮説のリストが網羅的であることを意味します。さらに、仮説は互いに排反であり、選んだ箱は必ず1つです。

このような全く情報がないために設定した事前分布は、**無情報事前分布**（non-informative prior distribution）や**曖昧な（vague）事前分布**と呼ばれます。無情報事前分布は、ベイズ推定にほとんど、または全く情報を加えない事前分布です。ただし、必ずしもすべての仮説に同じ事前確率を設定するのが無情報というわけではないので注意してください。

この例題と前節の病気検査の例題の大きな違いは、各仮説に対する事前確率の割り当てです。今回はすべての仮説が等しい確率を持っていると想定していますが、病気検査では病気である事前確率に0.1%という推定値がありました。事前分布はデータを観測する前に持っている情報をできるだけ表したものを選択すべきです。また、その情報は十分に根拠のあるものであることが大切です。

それでは、1番の箱から順番に部屋の入口に近い位置に置かれているという情報を持っていたとします。そうであれば事前確率を均等に設定するのではなく、この情報を反映させた事前分布を設定しましょう。情報に基づいて、1番、2番、3番の順で箱が選ばれる可能性が高いと考えます。リスト4.2の事前分布のように、主観的に事前確率を設定したとします。この場合でも仮説間の確率の和が1になるように設定します。

リスト4.2 事前に情報がある場合の事前分布の例

In

```
# 仮定した事前分布の配列
prior = np.array([1 / 2, 1 / 3, 1 / 6])

fig, ax = plt.subplots(constrained_layout=True)

ax.bar(index, prior)
ax.set_xticks(index)
ax.set_xticklabels([r'$H_1$', r'$H_2$', r'$H_3$'])
ax.set_xlabel('仮説')
ax.set_ylabel('確率')
```

Out

```
Text(0, 0.5, '確率')
```

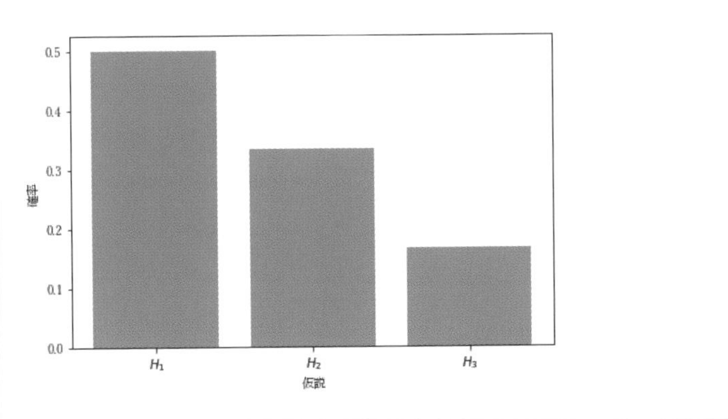

それではデータを集めましょう。この例では、Aさんに取って来てもらうボールが赤色だったことが観測データです。ベイズの定理を使って事後確率を計算します。例えば、箱が1番である仮説の事後確率は次のように書くことができます。

$$P(H_1 \mid data) = \frac{P(data \mid H_1)P(H_1)}{\sum_{j=1}^{n} P(data \mid H_j)P(H_j)} \quad \text{(式4.23)}$$

各仮説のもとでデータを観測する尤度を求める必要があります。尤度は各仮説に対する条件付き確率です。例えば、$P(data \mid H_1)$は1番の箱が選ばれたとして赤いボールが観測される尤度です。1番の箱は10個中2個が赤いボールなので、この尤度は$2/10 = 0.2$と求まります。他の箱の尤度も同じように計算でき、尤度は リスト4.3 のグラフのような分布になります。グラフのy軸は尤度です。

リスト4.3 赤いボールが観測される尤度

In

```
# 尤度の配列
likelihood = np.array([2 / 10, 3 / 10, 4 / 10])


fig, ax = plt.subplots(constrained_layout=True)


ax.bar(index, likelihood, color='gray')
ax.set_xticks(index)
ax.set_xticklabels([r'$H_1$', r'$H_2$', r'$H_3$'])
ax.set_xlabel('仮説')
ax.set_ylabel('尤度')
```

Out

```
Text(0, 0.5, '尤度')
```

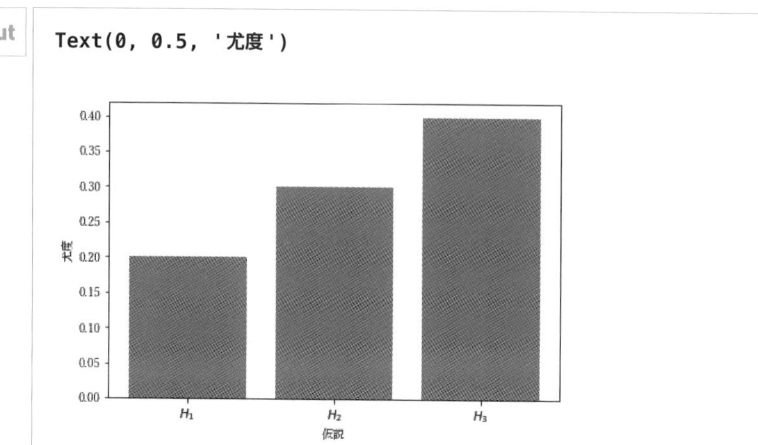

すべての仮説の事前確率の和は1でなければなりませんが、これは尤度には当てはまらず、尤度の和は1になるとは限りません。この例でも3つの仮説の尤度の和は0.9です。

それではベイズの定理を用いて、各仮説の事後確率を計算します。事前確率と尤度は求まっているので、ベイズの定理に数値を代入して計算するだけです。まずは1番の箱の仮説H_1の事後確率を計算してみましょう。

$$
\begin{aligned}
P(H_1 \mid data) &= \frac{P(data \mid H_1)P(H_1)}{P(data \mid H_1)P(H_1) + P(data \mid H_2)P(H_2) + P(data \mid H_3)P(H_3)} \\
&= \frac{\frac{2}{10} \times \frac{1}{2}}{\frac{2}{10} \times \frac{1}{2} + \frac{3}{10} \times \frac{1}{3} + \frac{4}{10} \times \frac{1}{6}} = 0.375
\end{aligned}
\tag{式4.24}
$$

分子は仮説H_1の尤度$P(data \mid H_1)$と事前確率$P(H_1)$の積です。分母は各仮説のもとで赤いボールを観測する尤度を計算し、それらに対応する事前確率をかけたものを合計しています。どの仮説について計算するときでも、分母の値は変わらないことを知っておいてください。この値は**正規化定数**（normalizing constant）と呼ばれます。今回の例では分母の計算は簡単でしたが、多くの問題ではこの計算が大きな課題になります。

さて、事前分布と事後分布を並べて見てみましょう（リスト4.4）。事後分布が事前分布とはかなり違うことがわかります。しかし、事前分布も事後分布も確率の合計が1であることには変わりありません。1番目の箱は尤度が低いので事後確率は減少し、2番目と3番目は事後確率は事前確率に比べて増加しました。さらにデータの観測があった場合には、この事後分布を事前分布として使うことができます。

リスト4.4 事前に情報がある場合の事前分布と事後分布

In

```
# 正規化定数の計算
const = (prior * likelihood).sum()
# 事後分布の計算
posterior = (prior * likelihood) / const

index = np.arange(len(prior))
width = 0.35

fig, ax = plt.subplots(constrained_layout=True)

ax.bar(index, prior, width, label='事前確率')
ax.bar(index + width, posterior, width, label='事後確率')

ax.set_xticks(index + width / 2)
ax.set_xticklabels([r'$H_1$', r'$H_2$', r'$H_3$'])
ax.set_xlabel('仮説')
ax.set_ylabel('確率')
ax.legend()
```

```
<matplotlib.legend.Legend at 0x17b3f581b50>
```

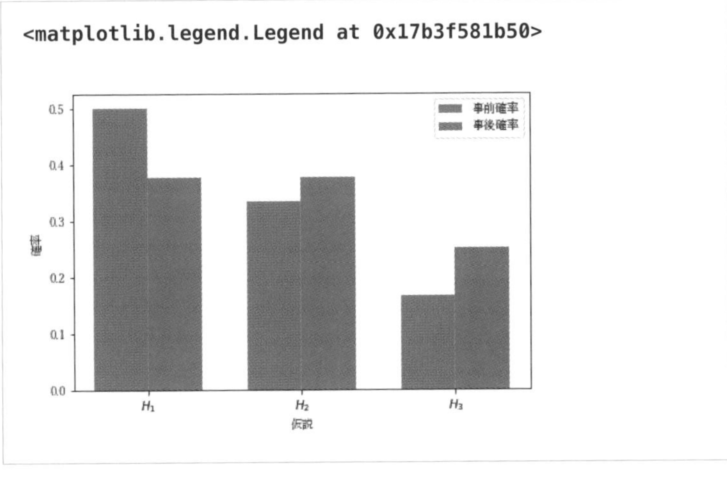

無情報事前分布を使った場合の事後分布も見てみましょう（リスト4.5）。繰り返しになりますが、事後確率の合計は1になっています。無情報事前分布を使っ

たこの例では、まさに尤度が事後分布の結果を決めます。ベイズの定理の分母は定数であり、各仮説において分子の事前確率も同じであるので、尤度の分布が事後分布の形状に大きく影響します。

リスト4.5 事前に情報がない場合の事前分布と事後分布

In

```
const_non = (prior_non * likelihood).sum()
posterior_non = (prior_non * likelihood) / const_non

fig, ax = plt.subplots(constrained_layout=True)

ax.bar(index, prior_non, width, label='事前確率')
ax.bar(index + width, posterior_non, width,
       color='C2', label='事後確率')

ax.set_xticks(index + width / 2)
ax.set_xticklabels([r'$H_1$', r'$H_2$', r'$H_3$'])
ax.set_xlabel('仮説')
ax.set_ylabel('確率')
ax.legend()
```

Out

```
<matplotlib.legend.Legend at 0x17b3f604160>
```

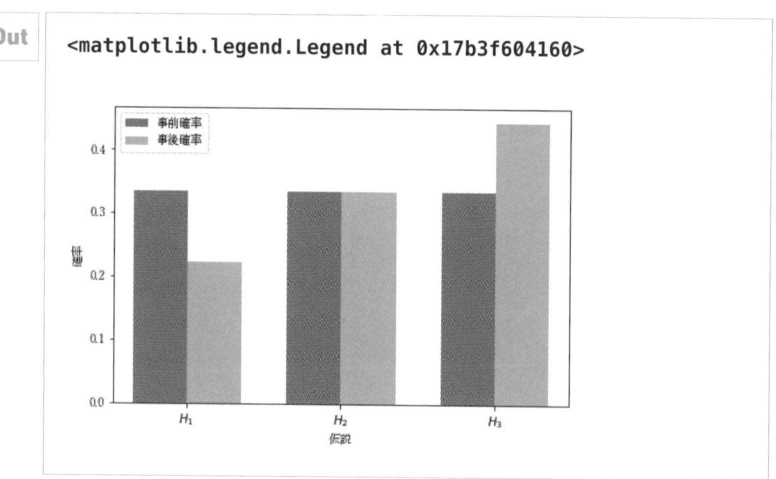

2つの事後分布を並べてみます（リスト4.6）。図を見てわかるように事前分布の選択によって事後分布は異なる形状になります。もしも信頼できると判断できる

情報があれば、それを使って事前分布を決めるべきです。

リスト4.6 2つの事後分布の比較

In

```
fig, ax = plt.subplots(constrained_layout=True)

ax.bar(index, posterior, width,
       color='C1', label='informative')
ax.bar(index + width, posterior_non, width,
       color='C2', label='non-informative')

ax.set_xticks(index + width / 2)
ax.set_xticklabels([r'$H_1$', r'$H_2$', r'$H_3$'])
ax.set_xlabel('仮説')
ax.set_ylabel('確率')
ax.legend()
```

```
<matplotlib.legend.Legend at 0x17b3f66e0d0>
```

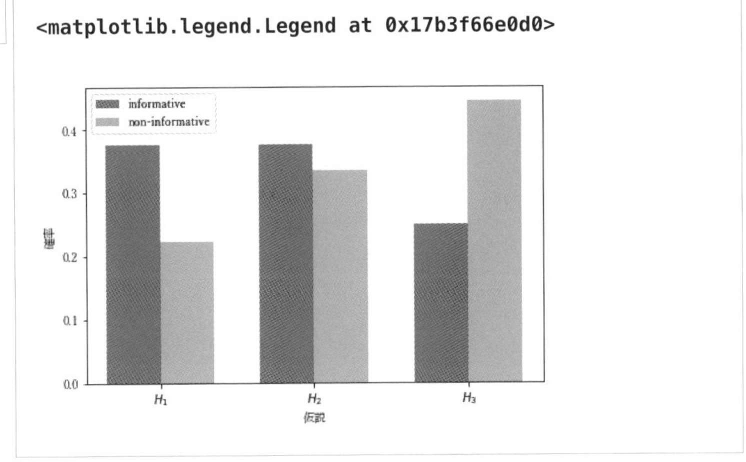

事前分布の設定の厄介な部分は、本当に事前に設定するための情報がなく、できるだけ客観的であろうとするときに出てきます。分析者が事前分布を選択するので、ある意味ではすべての事前分布は主観的です。できるだけ客観的に選択するとは、異なる分析者であっても同じ選択をするだろうということです。無情報事前分布をどう設定するべきかについての正解はなく、様々な研究がされている問題でもあります。

なお、繰り返しデータを収集するのであれば、ベイズ更新をしていくと最初の事前分布の選択によらず事後分布は同じような分布になっていきます。そのため、問題によっては事前分布の選択が多少異なっても構わないと考えることができます。

第5章 確率関数

本章では確率分布を表す確率関数の用語や性質を紹介します。ベイズ推定においては事前分布を指定するために確率関数を使用することができます。そのため、確率関数について理解しておくことはとても大切です。

5.1 確率質量関数

まずは離散事象における確率分布について学習しましょう。本節では、離散型の確率変数と確率分布の概念を解説します。

5-1-1 離散型の確率変数

厳密な表現ではありませんが、**確率変数**（random variable）は起こり得る**結果**（標本点）のそれぞれに対して数値を割り当てたものです。例えば、1枚のコインを投げることを考えましょう。この場合の起こり得る結果は表か裏が出ることなので、標本空間は$\{表, 裏\}$となります。表が出る場合には$X = 1$、裏の場合には$X = 0$のように数値を割り当てるとします。このXが確率変数です。なお、サイコロの出目のように起こり得る結果が数値であれば、その数値を確率変数の値とすればいいので、確率変数は自然と定めることができます。

確率変数Xの値に応じて確率Pが定まります。Xがある実現値xを取る確率は$P(X = x)$や単に$P(x)$と表記されます。イカサマのないコインを投げた場合に、表が出る確率は次のように表記できます。

$$P(X = x = 1) = \frac{1}{2} = 0.5 \qquad \text{（式5.1）}$$

これはXという確率変数の値が$x = 1$となる確率が0.5であると解釈できます。確率変数の各実現値を観測する確率の和は1になることに注意してください。この例でも表が出る確率と裏が出る確率は共に0.5なので、その和が1になります。

コイン投げの例のような離散値しかとらない確率変数は、**離散型の確率変数**と呼ばれます。価格、来店客数、売上台数、得票数など、現実の確率的な現象を扱う場合に離散型の確率変数がしばしば登場します。

5-1-2 二項分布

確率変数と確率の対応を表したものが確率分布です。確率変数が離散型の場合、確率分布を表す関数は**確率質量関数**（probablity mass function）と呼ばれます。統計学における古典的なコイン投げ問題を例に確率質量関数について解説します。コイン投げ問題はコインを繰り返し投げ、表か裏のどちらが出たのかを記録していきます。そのデータをもとにコインの表と裏が出る確率を推定します。

コイン投げ問題は**二項分布**（binomial distribution）という離散型の確率分布の例になります。二項分布は次の条件を満たす実験で得られるデータの確率分布です。

1. 各試行には2つの起こり得る結果（表と裏、成功と失敗など）がある
2. 各試行が独立している
3. 成功確率pは各試行において一定である

コイン投げ問題では試行によって表と裏の2つの起こり得る結果があります。また各試行は独立しており、ある試行の結果が他の試行の結果に影響することはありません。コインが変形することなどは想定しないので、各試行で**成功確率**（表が出る確率）pは一定です。

コイン投げをn回繰り返すとし、確率変数Xは表が出た回数と定義してみましょう。確率変数の実現値xは$x=0,1,\ldots,n$というように0からnまでの整数の値をとります。例えば、コインを3回投げるとしたらxは$0,1,2,3$のどれかになります。この二項分布を表す確率質量関数は（式5.2）のように表記されます。

$$P(X=x)=f(x\mid n,p)=\binom{n}{x}p^{x}(1-p)^{(n-x)} \quad \text{(式5.2)}$$

関数fは成功確率pの試行をn回繰り返したときにx回成功する確率を表しています。ここでの試行回数nと成功確率pは確率分布の特徴を決める定数であり、**パラメータ**（parameter）や**母数**と呼ばれます。$f(x\mid n,p)$という表記は条件付き確率の表記と似ていますが混同しないように注意してください。

成功確率と失敗確率の和は1になるので、成功確率pに対して失敗確率は$1-p$です。各試行が独立であるのでx回の成功と$n-x$回の失敗を観測する確率は、各試行での確率をかけ合わせた$p^{x}(1-p)^{(n-x)}$となります。

次式はn個からx個を選ぶ組み合わせの数を示し、**二項係数**と呼ばれます。

$$\binom{n}{x}={}_{n}\mathrm{C}_{x}=\frac{n!}{x!(n-x)!} \quad \text{(式5.3)}$$

例えばコインを3回投げて表が2回出る組み合わせは、表表裏、表裏表、裏表表の3つがあります。これは次のように計算できます。

$$\binom{3}{2} = \frac{3!}{2!(3-2)!} = \frac{3 \times 2 \times 1}{2 \times 1 \times 1} = 3 \tag{式5.4}$$

それでは（式5.2）の具体例を見てみましょう。コインにイカサマがなく成功確率が0.5とします。そのコインを3回投げて表が2回出る確率は次のように求まります。

$$f(2 \mid 3, 0.5) = \binom{3}{2} 0.5^2 (1-0.5)^{(3-2)} = 0.375 \tag{式5.5}$$

ある確率変数Xがある確率分布に従うことを記号〜を使って表します。例えば、二項分布をBinomialとすれば、コイン投げ問題の確率変数Xが二項分布に従って分布していることは次のように表記できます。

$$X \sim \mathrm{Binomial}(n, p) \tag{式5.6}$$

これは確率変数Xがある値を取るときの確率は、確率関数$\mathrm{Binomial}(n, p)$から計算できるという意味です。また、表記を簡単にするために確率変数を小文字で書くこともあります。

$$x \sim \mathrm{Binomial}(n, p) \tag{式5.7}$$

二項分布を可視化してみましょう。SciPyの**stats**モジュールには確率分布を表すクラスがたくさん用意されています。二項分布は**binom**クラスで扱うことができ、**pmf**メソッドの引数に確率変数の実現値とパラメータを与えれば確率を求めることができます。リスト5.1を実行するとパラメータが$n = 3$と$p = 0.5$の二項分布のグラフが作成されます。グラフのx軸は確率変数の値なので成功回数を表し、y軸は確率を表しています。なお、分布のすべての確率を足し合わせると1になります。

リスト5.1 二項分布の例

In

```
import matplotlib.pyplot as plt
import numpy as np
from scipy import stats


plt.rcParams['font.family'] = 'Yu Mincho'


n = 3
```

```
p = 0.5
x = np.arange(n + 1)

fig, ax = plt.subplots(constrained_layout=True)

ax.bar(x, stats.binom.pmf(x, n, p))
ax.set_xlabel('成功回数')
ax.set_ylabel('確率')
```

```
Text(0, 0.5, '確率')
```

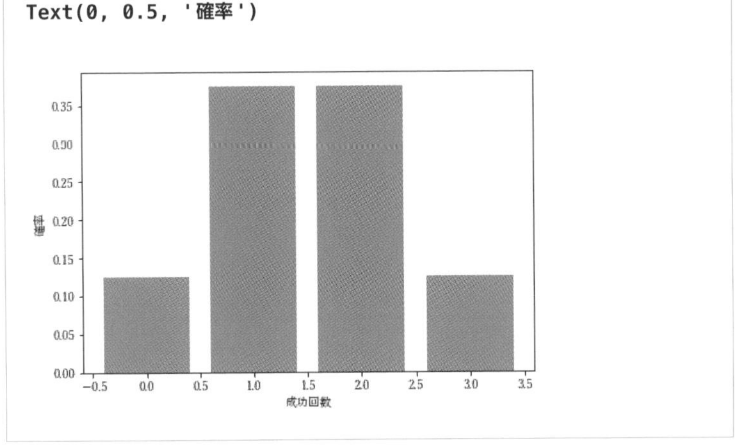

確率分布のパラメータは分布の形状や位置を決める定数です。リスト5.2は4種類のパラメータにおける二項分布を重ねたグラフを生成します。ここでは見やすいように折れ線グラフで表示していますが、本来は離散的な分布を示していることに注意してください。$p = 0.5$の場合、二項分布の形状は対称的になります。

リスト5.2 二項分布におけるパラメータnとpの影響

In

```
ns = [5, 5, 14, 14]
ps = [0.5, 0.8, 0.5, 0.8]
ls = ['-o', '-^', '-x', '-s']
x = np.arange(18)

fig, ax = plt.subplots(constrained_layout=True)
```

```
for n, p, l in zip(ns, ps, ls):
    ax.plot(x, stats.binom.pmf(x, n, p), l,
            label=f'n={n}, p={p}')

ax.set_xlabel('成功回数')
ax.set_ylabel('確率')
ax.legend()
```

Out

```
<matplotlib.legend.Legend at 0x1f427339400>
```

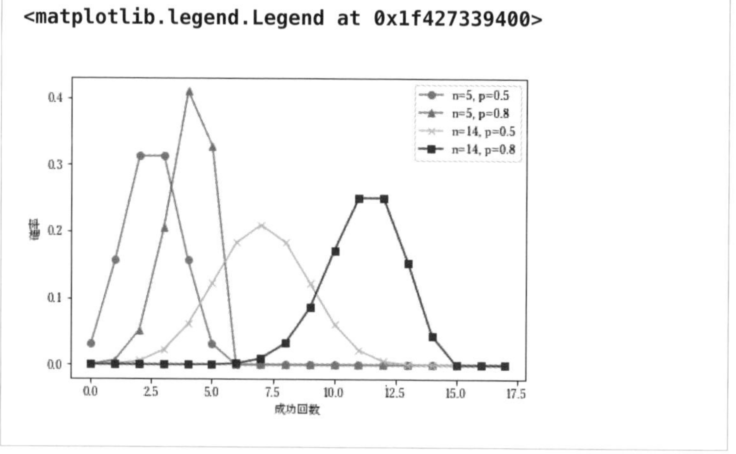

確率分布の特徴を表す値として期待値と分散について知っておきましょう。確率分布の**期待値**（expected value）は**平均値**（mean value）とも解釈できる指標です。確率変数の値とその確率の積を合計したものが期待値です。二項分布に従う確率変数Xの期待値$E(X)$は（式5.8）で求まります。コインをn回投げると表が平均でnp回出ることが期待できます。

$$E(X) = np \qquad \text{(式5.8)}$$

statsモジュールの確率分布クラスでは**mean**関数を使うことで分布の期待値（平均値）を求めることができます（リスト5.3）。

リスト5.3 二項分布の期待値の計算

In

```
n = 3
p = 0.5

stats.binom.mean(n, p)
```

Out

```
1.5
```

分散（variance）はデータの散らばり具合を表す指標です。平均値が同じ場合でも、分散が大きい方がデータが平均値より離れて分布していることがわかります。各データと平均値の差を2乗した値の平均をとったものが分散です。二項分布に従う確率変数Xの分散$V(X)$は（式5.9）で求まります。

$$V(X) = np(1-p) \tag{式5.9}$$

分散を求めるには確率分布クラスの**var**関数を使います（リスト5.4）。

リスト5.4 二項分布の分散の計算

In

```
stats.binom.var(n, p)
```

Out

```
0.75
```

また、**標準偏差**（standard deviation）という指標が散らばり具合を表す指標として使われることもあります。標準偏差は分散の平方根であり、（式5.10）で定義されます。計算は分散の方が簡単ですが、標準偏差はもとのデータと同じ単位になるのでわかりやすい利点があります。

$$SD(X) = \sqrt{V(X)} \tag{式5.10}$$

確率分布クラスには標準偏差を求める**std**関数が用意されています（リスト5.5）。

リスト5.5 二項分布の標準偏差の計算

In

```
stats.binom.std(n, p)
```

Out

```
0.8660254037844386
```

最後に二項分布に関連している**ベルヌーイ分布**（Bernoulli distribution）を紹介します。試行回数が$n=1$である二項分布をベルヌーイ分布と呼びます。つまり、ベルヌーイ分布は結果が成功か失敗のいずれかである**試行（ベルヌーイ試行）**を1回行ったときの確率分布です。逆に二項分布は独立したベルヌーイ試行の連続と考えることができます。よって、（式5.11）がベルヌーイ分布の確率質量関数になります。

$$f(x \mid 1, p) = p^x(1-p)^{(1-x)} \quad \text{(式5.11)}$$

イカサマのないコインは成功確率が$p = 0.5$であり、これを1回だけ投げて表が出る確率は次の式で求まります。

$$f(1 \mid 1, 0.5) = 0.5^1 \times (1-0.5)^0 = 0.5 \quad \text{(式5.12)}$$

5-1-3 確率質量関数とベイズの定理

ベイズ統計学においては、未知のパラメータや観測されるデータを何かしらの確率分布に従う確率変数とします。つまり、そのデータなどを生み出す確率的な過程を想定し、確率は確率関数によって計算できるとします。このような考えで表した数学の式を**統計モデル**（statistical model）と呼びます。

ここで、前章で紹介したベイズの定理を再掲します。

$$P(H_i \mid data) = \frac{P(data \mid H_i)P(H_i)}{\sum_{j=1}^{n} P(data \mid H_j)P(H_j)} \quad \text{(式5.13)}$$

尤度$P(data \mid H_i)$は観測したデータがある仮説のもとで得られる確率として解釈されます。つまり、手元にはデータ（標本）があり、あるパラメータの値のもとでそのデータが得られる確率が尤度です。ベイズの定理では尤度の計算が必要になります。

例えば、コイン投げ問題で成功確率pが不明だとします。実際にコインを投げてみて$n = 3$、$x = 2$というデータが得られたとします。pの値の仮説を考え、その値を二項分布の確率質量関数に代入して尤度を計算することができます。リスト5.6によって作成される図は、尤度の取り得る範囲をプロットしたものです。**binom**クラスの**pmf**メソッドに値を渡せば尤度を計算することができます。

リスト5.6 尤度関数の描画

In
```
n = 3
p = np.linspace(0, 1)
x = 2

fig, ax = plt.subplots(constrained_layout=True)

ax.plot(p, stats.binom.pmf(x, n, p))
```

```
ax.set_xlabel(r'$p$')
ax.set_ylabel('尤度')
```

Out

```
Text(0, 0.5, '尤度')
```

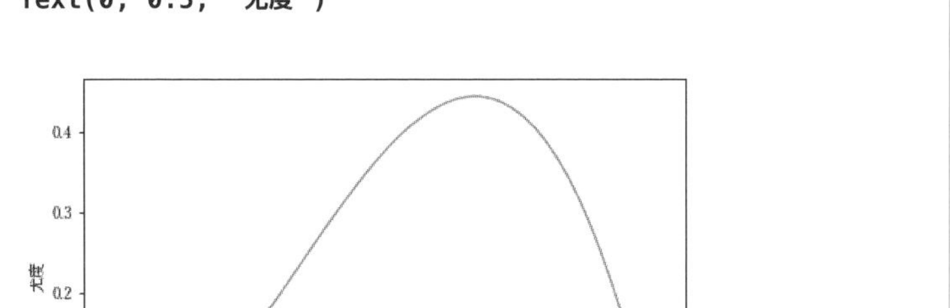

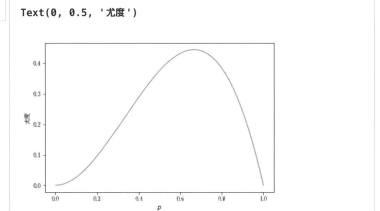

x軸は未知のパラメータpであり、y軸が尤度を表しています。リスト5.1と見比べるとデータの値であるxの方が定数であり、確率質量関数はパラメータpの関数であるとみなせます。このように確率関数をパラメータの関数として見たとき、これは**尤度関数**と呼ばれます。確率変数の値xは離散的な数値でしたが、pは0から1の範囲で自由に取ることができるので混同しないように注意してください。また、尤度曲線の下の面積は1になる必要はありません。

2つの仮説だけを考えている場合の簡単な例を見てみましょう。コイン投げ問題において表を観測する確率pに2つの仮説があるとします。仮説1はコインにイカサマがない場合で$p = 0.5$とし、仮説2はイカサマがある場合で$p = 0.4$と表が出る確率が低いとします。

それでは各仮説の事前確率を決めましょう。ここでは各仮説の事前確率は0.5とします。つまり、イカサマがあるかどうか事前の情報がないので仮説1と仮説2に等しい確率を割り当てます。

次に尤度の計算のためにデータを集めます。ここではコインを3回投げて表が2回出たとしましょう。そして各仮説のもとでのデータの尤度を計算します。仮説1（$p = 0.5$）では尤度は次のように求まります。

$$P(data \mid H_1) = \binom{3}{2} 0.5^2 (1 - 0.5)^{3-2} = 3 \times 0.5^2 \times 0.5 = 0.375 \quad \text{(式5.14)}$$

一方、仮説2($p=0.4$)では次のようになります。

$$P(data \mid H_2) = \binom{3}{2} 0.4^2 (1-0.4)^{3-2} = 3 \times 0.4^2 \times 0.6 = 0.288 \quad \text{(式5.15)}$$

Pythonでも計算して結果を確認してみましょう。リスト5.7のように**pmf**関数に値を指定するだけで簡単に尤度が計算できます。

リスト5.7 尤度の計算例

In

```
n = 3
x = 2
p = [0.5, 0.4]

stats.binom.pmf(x, n, p)
```

Out

```
array([0.375, 0.288])
```

尤度が計算できたのでベイズの定理を使用して事後確率を求めましょう。ベイズの定理を用いれば、(式5.16)で事後確率を計算できます。

$$P(H_i \mid data) = \frac{P(data \mid H_i)P(H_i)}{P(data \mid H_1)P(H_1) + P(data \mid H_2)P(H_2)} \quad \text{(式5.16)}$$

この式に設定した事前確率と、それぞれの仮説で求めた尤度を代入します。仮説1での事後確率は次のようになります。

$$P(H_1 \mid data) = \frac{0.375 \times 0.5}{0.375 \times 0.5 + 0.288 \times 0.5} \fallingdotseq 0.566 \quad \text{(式5.17)}$$

同様にして仮説2での事後確率は次のように求まります。

$$P(H_2 \mid data) = \frac{0.288 \times 0.5}{0.375 \times 0.5 + 0.288 \times 0.5} \fallingdotseq 0.434 \quad \text{(式5.18)}$$

このように、実験によってデータを収集することで$p=0.5$である確率は0.566に更新され、$p=0.4$である確率は0.434に更新されました。リスト5.8は事前確率と事後確率を視覚的に比較しているグラフを作成します。今回の例では、データを得ると仮説1($p=0.5$)の方が正しいという信念の度合いが高くなりました。

リスト5.8 事前確率と事後確率の比較

In

```
prior = [0.5, 0.5]
posterior = [0.566, 0.434]

index = np.arange(len(prior))
width = 0.35

fig, ax = plt.subplots(constrained_layout=True)

ax.bar(index, prior, width, label='事前確率')
ax.bar(index + width, posterior, width, label='事後確率')

ax.set_xticks(index + width / 2)
ax.set_xticklabels([r'$H_1$', r'$H_2$'])
ax.set_xlabel('仮説')
ax.set_ylabel('確率')
ax.legend()
```

```
<matplotlib.legend.Legend at 0x1f4273f3a60>
```

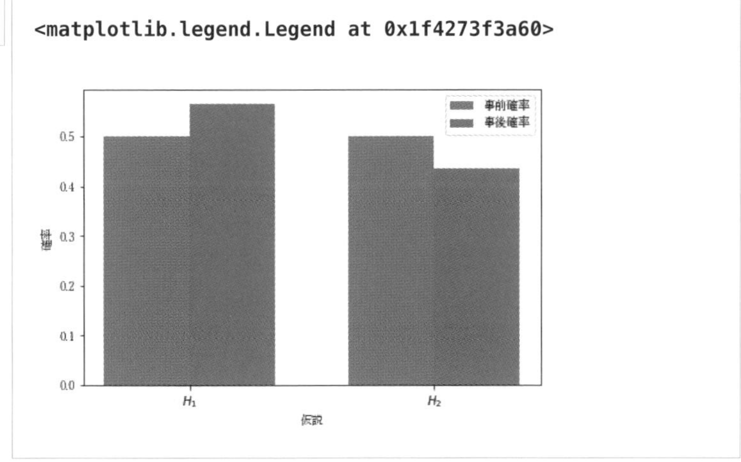

本節では確率質量関数を用いて各仮説のもとでのデータの尤度を計算しました。pは0から1の範囲の実数ですが、pの仮説は2つと限定したので離散型の事前分布になりました。すべての取り得る値の仮説を考える場合には、連続型の事前分布を扱うことになります。次節では連続型の確率分布を表す**確率密度関数**に焦点を当てて解説します。

5.2 確率密度関数

連続型の確率変数を扱う場合には連続型の確率分布を用います。本節では連続一様分布と正規分布を例として、連続型の確率分布を表す確率密度関数について解説します。

5-2-1 連続型の確率変数

温度、時間、速度のように連続型の実数値を取る確率変数は**連続型の確率変数**と呼ばれます。現実の測定器には精度に限界がありますが、理論的に考えている場合は無限の精度で計測できると考え、確率変数の値にはどんな細かい値でも指定することができます。

例えば、ある駅で人が電車に乗るまでに待つ時間が0分から10分とします。そして、電車を待つ時間を確率変数Xで表記します。これは連続型の確率変数の例であり、Xは次のように0以上10以下の値をとります。

$$0 \leq X \leq 10 \qquad \text{(式5.19)}$$

仮に待ち時間が2分と2.01分の間である確率が0.1だとしましょう。待ち時間が2分から2.001分である確率を考えると、先程の間隔の1/10なので、答えはおそらく0.01前後になります。このように考えて時間の間隔を小さくしていくと、確率も小さくなっていきます。すると想定する時間の間隔が0である場合、例えば2分ちょうどの確率は0になってしまいます。そこで、連続型の確率変数では**確率密度**というものを考えます。

5-2-2 連続一様分布

確率変数が連続型の場合はある点での確率ではなく、確率密度を考える必要があります。確率変数Xがa以上b以下の値となる確率$P(a \leq X \leq b)$が$f(x)$という関数で（式5.20）のように計算される場合、$f(x)$を**確率密度関数**（probablity density function）と呼びます。

$$P(a \leq X \leq b) = \int_a^b f(x)dx \qquad \text{(式5.20)}$$

最も単純な確率密度関数の例は**連続一様分布**（continuous uniform distribution）

です。連続一様分布はサイコロの出目の例で紹介した離散一様分布に似ていますが、確率変数が連続値です。例えば連続一様分布を表す確率密度関数は次のようなものです。

$$f(x) = 0.1 \quad \text{(式5.21)}$$

この関数はどの実現値xの値に対しても一定の確率密度0.1を返します。電車の待ち時間の例に使用するとxには範囲の制約があり、次のような確率密度関数になります。

$$f(x) = 0.1,\ \ 0 \leq x \leq 10 \quad \text{(式5.22)}$$

確率変数Xが連続一様分布に従うことは次のように表記されます。

$$X \sim \text{Uniform}(a = 0, b = 10) \quad \text{(式5.23)}$$

ここでは、連続一様分布をUniformで表すことにしています。連続一様分布は確率変数の最小値aと最大値bの2つのパラメータを持っており、ここでは$a = 0,\ b = 10$です。aやbの値を変えることで異なる形状の分布になります。

SciPyの**stats**モジュールには連続一様分布を表す**uniform**クラスが用意されています。リスト5.9を実行して作成される図は(式5.23)をグラフにしたものです。確率質量関数のときに使用した**pmf**メソッドではなく、確率密度関数では**pdf**メソッドを使用します。**pdf**メソッドの引数に変数とパラメータの値を渡すと確率密度が返されてきます。作成される図のy軸が確率ではなく確率密度であることに注意してください。

リスト5.9 連続一様分布の例

In

```
import matplotlib.pyplot as plt
import numpy as np
from scipy import stats

plt.rcParams['font.family'] = 'Yu Mincho'

# 最小値 a は loc、最大値 b は loc + scale の値として設定します
loc = 0
scale = 10
x = np.linspace(-2, 12, 400)
```

```
fig, ax = plt.subplots(constrained_layout=True)

ax.plot(x, stats.uniform.pdf(x, loc, scale))
ax.set_xlabel(r'$x$')
ax.set_ylabel('確率密度')
ax.set_xlim([-1, 11])
ax.grid()
```

Out

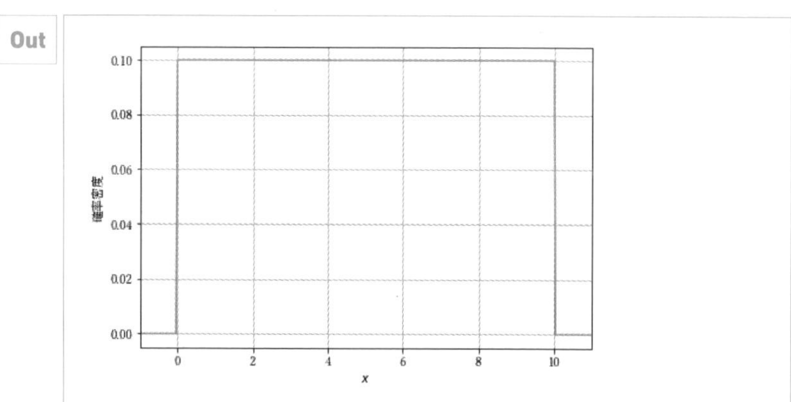

確率密度は0以上の値であり、すべてのxにおいて$f(x) \geq 0$です。また、確率質量関数では値の総和が1であったのと同じように、確率密度関数では次の式が成り立ちます。

$$\int_{-\infty}^{\infty} f(x)dx = 1 \quad \text{(式5.24)}$$

積分は指定された範囲のxに対して$f(x)$の曲線とx軸間の面積と解釈できます。（式5.24）は$f(x)$の曲線とx軸間の総面積が1であることを表しています。連続一様分布ではこの積分の計算は難しくありません。この例ではXの取り得る範囲が10であり、その範囲すべてで確率密度が0.1なので、積分した値は$10 \times 0.1 = 1$になります。これはXの値が0と10の間に必ずある（確率が1）ということであり、次のように表記できます。

$$P(0 \leq X \leq 10) = 1 \quad \text{(式5.25)}$$

連続一様分布の確率密度関数の正式な定義は次のようになります。

$$f(x \mid a, b) = \begin{cases} \dfrac{1}{b-a} & (a \leq x \leq b) \\ 0 & (x < a \text{ or } x > b) \end{cases} \qquad \text{(式5.26)}$$

ここでaは分布の下界を表し、bは分布の上界を表します。括弧の中の式がxの制約条件です。

また、連続一様分布の期待値$E(X)$と分散$V(X)$は以下のようになります。

$$E(X) = \frac{a+b}{2} \qquad \text{(式5.27)}$$

$$V(X) = \frac{(b-a)^2}{12} \qquad \text{(式5.28)}$$

連続一様分布は$a=0$、$b=10$のときは（式5.29）のようになります。この式から、確率密度は0から10の間のすべてのxについて0.1であり、それ以外のxについては0であることがわかります。

$$f(x \mid a=0, b=10) = \begin{cases} 0.1 & (0 \leq x \leq 10) \\ 0 & (x < 0 \text{ or } x > 10) \end{cases} \qquad \text{(式5.29)}$$

5-2-3 正規分布

確率密度関数の別の例として**正規分布**（normal distribution）を紹介します。正規分布は**ガウス分布**（Gaussian distribution）とも呼ばれ、統計学において最も広く使われている分布です。先程連続一様分布を使って考えた問題を正規分布を用いて再検討しましょう。今度はほとんどの人が平均5分待ち、0分や10分待つ人は少ないと仮定します。正規分布の連続密度関数は次のようになります。

$$f(x \mid \mu, \sigma) = \frac{1}{\sqrt{2\pi}\sigma} \exp\left\{ -\frac{1}{2}\left(\frac{x-\mu}{\sigma}\right)^2 \right\} \qquad \text{(式5.30)}$$

xが取り得る範囲は実数すべてであり、そのことを$-\infty \leq x \leq \infty$のように書くことができます。

この関数では**平均値**（期待値）μと**標準偏差**σの2つがパラメータです。また、分布の期待値と分散はそれぞれμとσ^2です。eは**自然対数定数**や**オイラー数**と呼ばれる定数であり、e^xと$\exp(x)$は同じ意味です。

パラメータには標準偏差の代わりに分散σ^2を使う場合や、**精度**と呼ばれる分散の逆数$\tau = 1/\sigma^2$を使う場合があります。τを使う場合は（式5.30）を次のように変形できます。

$$f(x \mid \mu, \tau) = \frac{\tau}{\sqrt{2\pi}} \exp\left\{-\frac{\tau}{2}(x-\mu)^2\right\} \quad \text{（式5.31）}$$

確率変数Xは電車の待ち時間を表し、正規分布に従うとしましょう。正規分布をNormalで表すとすれば、Xの分布が正規分布に従うことは次のように表記されます。

$$X \sim \mathrm{Normal}(\mu, \sigma) \quad \text{（式5.32）}$$

正規分布の確率密度関数で実際に確率密度を求めてみましょう。例えば、電車の待ち時間の平均値が5分、標準偏差が1.5分のとき、待ち時間3分の人を観測する確率密度は次のように計算できます。

$$f(3 \mid 5, 1.5) = \frac{1}{\sqrt{2\pi}1.5} \exp\left\{-\frac{1}{2}\left(\frac{3-5}{1.5}\right)^2\right\} \fallingdotseq 0.109 \quad \text{（式5.33）}$$

これを手計算で求めるのは大変ですが、Pythonを使えばリスト5.10のように確率密度を計算できます。SciPyの**stats**モジュールには正規分布を表す**norm**クラスが用意されています。

リスト5.10 正規分布の確率密度の計算

In

```
mu = 5
sigma = 1.5
x = 3

stats.norm.pdf(x, mu, sigma)
```

Out

```
0.10934004978399577
```

正規分布の特徴を見るためにリスト5.11を実行して正規分布のグラフを作成します。この図ではパラメータの値を$\mu = 5$、$\sigma = 1.5$としています。

リスト5.11 正規分布の例

In
```
x = np.linspace(0, 10, 100)

fig, ax = plt.subplots(constrained_layout=True)

ax.plot(x, stats.norm.pdf(x, mu, sigma))
ax.set_xlabel(r'$x$')
ax.set_ylabel('確率密度')
```

Out
```
Text(0, 0.5, '確率密度')
```

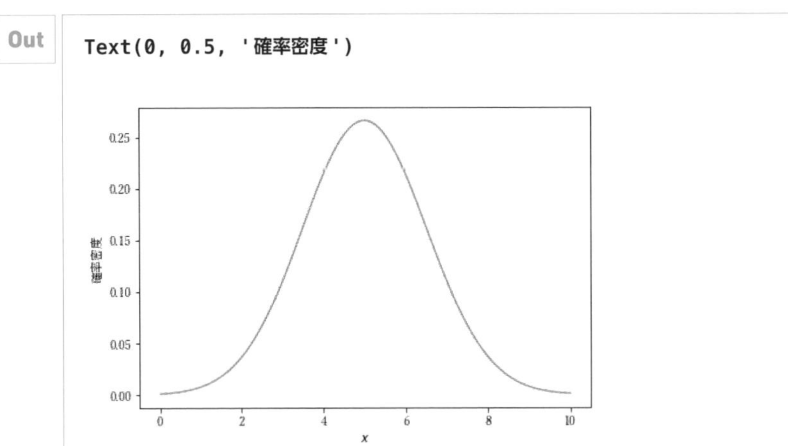

連続一様分布の例と同じようにy軸が確率密度です。正規分布の曲線は平均値μを中心とする左右対称な釣鐘状の曲線です。正規分布の場合、平均値は**中央値**（数値データを小さい順で並べたときに真ん中にある値）と同じになります。分布の広がりは標準偏差σで決まり、σが大きいほど広がりが大きくなります。

つまり正規分布は2つのパラメータのμとσの値によって曲線の位置や広がりが決まります。パラメータμは分布がx軸上で中心にある場所を決めるので**位置パラメータ**（positional parameter）と呼ばれます。一方のパラメータσは分布の形状や広がりを決めるので**尺度パラメータ**（scale parameter）と呼ばれます。

Pythonを使っていくつかパラメータの異なる正規分布を見てみましょう（リスト5.12）。μによって分布の位置、σによって分布の広がりが決まることがわかります。

リスト5.12 正規分布におけるパラメータμとσの影響

In

```
mus = [6, 8, 8, 8]
sigmas = [1, 1, 1.5, 2]
x = np.linspace(0, 14, 100)
ls = ['-', '--', '-.', ':']

fig, ax = plt.subplots(constrained_layout=True)

for mu, sigma, l in zip(mus, sigmas, ls):
    ax.plot(x, stats.norm.pdf(x, mu, sigma), l,
            label=rf'$¥mu$ = {mu}, $¥sigma$ = {sigma}')

ax.set_xlabel(r'$x$')
ax.set_ylabel('確率密度')
ax.legend()
```

Out

```
<matplotlib.legend.Legend at 0x1f4274c6a60>
```

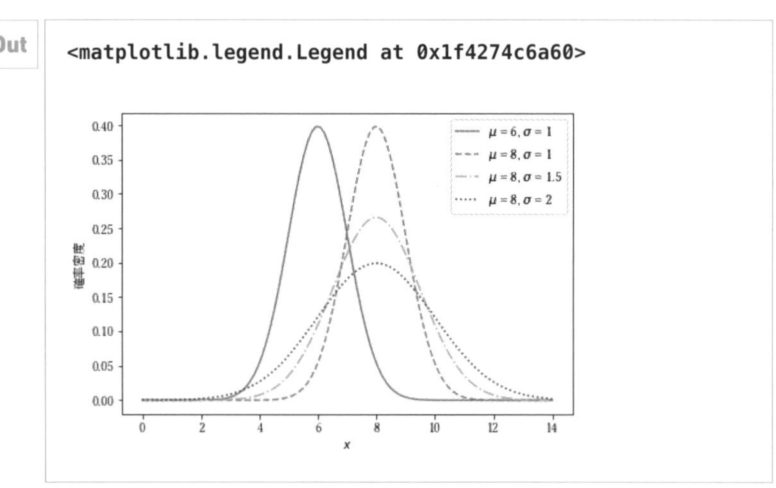

パラメータが$\mu = 0$、$\sigma = 1$である正規分布を特別に**標準正規分布**と呼びます。

正規分布の確率密度関数においてもすべてのxに対して$f(x) \geq 0$です。また、(式5.24) の積分の式が成り立つので、次のようになります。

$$\int_{-\infty}^{\infty} \frac{1}{\sqrt{2\pi}\sigma} \exp\left\{-\frac{1}{2}\left(\frac{x-\mu}{\sigma}\right)^2\right\} dx = 1 \qquad \text{(式5.34)}$$

一般に積分の**解析解**（数式を解いて得られる解）を求めることは難しいことです。しかし多くの場合、Pythonを使って積分の**数値解**（数値計算によって近似的に得られる解）を計算することができます。Pythonでは**stats**モジュールの確率関数のクラスに実装されている**cdf**メソッドを利用しましょう。このメソッドは**累積分布関数**（cumulative distribution function）の値を返します。累積分布関数は負の無限大からある値aまで確率密度関数を定積分したもので、次の式で表されます。

$$F(a) = \int_{-\infty}^{a} f(x)dx \quad \text{(式5.35)}$$

これは確率変数Xの値がa以下になる確率を表しており、指定の範囲$[-\infty, a]$における$f(x)$の曲線とx軸間の面積と解釈できます。リスト5.13を実行すると正規分布の確率密度関数とその累積分布関数のグラフが表示されます。

リスト5.13 正規分布の確率密度関数とその累積分布関数

In

```
mu = 5
sigma = 1.5
x = np.linspace(0, 10, 100)

X = stats.norm(mu, sigma)

fig, axs = plt.subplots(2, 1, constrained_layout=True,
                        figsize=(6, 6), sharex=True)

# 確率密度関数のグラフを描画
axs[0].plot(x, X.pdf(x))
axs[0].set_ylabel('確率密度')
axs[0].grid()

# 累積分布関数のグラフを描画
axs[1].plot(x, X.cdf(x))
axs[1].axvline(5, ls=':')
axs[1].axhline(0.5, ls=':')
axs[1].set_xlabel(r'$x$')
```

```
axs[1].set_ylabel('累積確率')
axs[1].grid()
```

Out

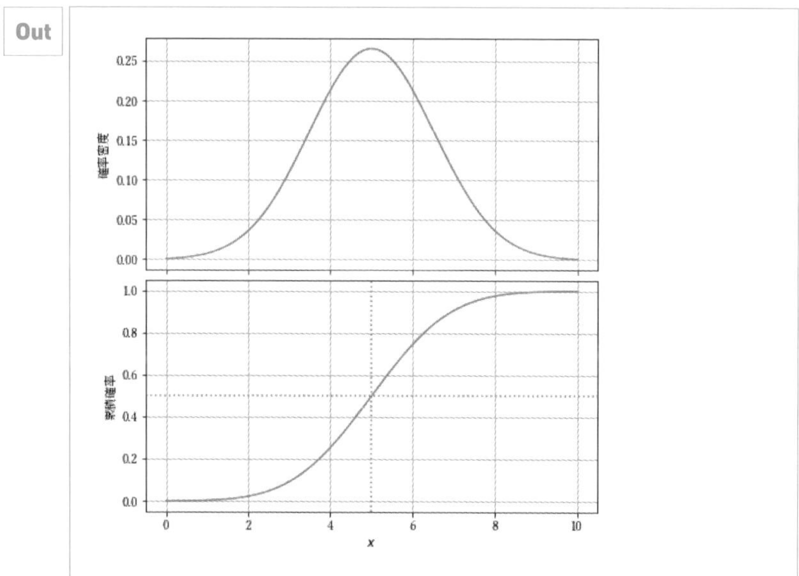

グラフの下段が累積分布関数であり、y軸が累積確率を表しています。正規分布では累積確率は平均値μにおいて0.5であり、最終的に1になっていきます。

累積分布関数を使えばxが指定の範囲にある確率を求めることができます。例えば電車の待ち時間が4.5分から5.5分の間にある確率を求めてみましょう。この確率は数式では次のように表せます。

$$P(4.5 \leq X \leq 5.5) = \int_{4.5}^{5.5} \frac{1}{\sqrt{2\pi}1.5} \exp\left\{-\frac{1}{2}\left(\frac{x-5}{1.5}\right)^2\right\} dx \fallingdotseq 0.261 \quad \text{(式5.36)}$$

そして、リスト5.14のように**norm**クラスの**cdf**メソッドを使えば確率を求めることができます。

リスト5.14 cdf メソッドによる確率の計算

In

```
mu = 5
sigma = 1.5
```

```
X = stats.norm(mu, sigma)
X.cdf(5.5) - X.cdf(4.5)
```

Out

```
0.26111731963647267
```

正規分布が重要な分布とされる理由に**中心極限定理**（central limit theorem）があります。これは平均μ、分散σ^2の確率分布に従う母集団から得られたn個の標本の合計値Xの分布が、nが十分大きいときに正規分布$\mathrm{Normal}(X \mid n\mu, n\sigma^2)$に従うというものです。

中心極限定理の具体例は二項分布の正規分布による近似が有名です。成功確率pのベルヌーイ分布をn回繰り返したとすると、その成功回数は二項分布$\mathrm{Binomial}(X \mid n, p)$に従います。このとき$n$が大きければ、成功回数の合計値$X$は正規分布$\mathrm{Normal}(X \mid np, np(1-p))$に従うとみなせます。リスト5.15では試行回数$n = 30$の二項分布と、その二項分布の平均と分散をパラメータに持つ正規分布をプロットしています。グラフから正規分布で二項分布を近似できていることがわかります。ただし、正規分布で近似できるのはnやpがある程度大きくなければならず、二項分布が不要というわけではありません。

リスト5.15 中心極限定理の例

In

```
n = 30
p = 0.5
x = np.arange(n + 1)

fig, ax = plt.subplots(constrained_layout=True)

ax.bar(x, stats.binom.pmf(x, n, p), label='Binomial')
ax.plot(x, stats.norm.pdf(x, n * p, np.sqrt(n * p * ➡
(1 - p))), 'k', label='Normal')
ax.set_xlabel('成功回数')
ax.set_ylabel('確率')
ax.legend()
```

Out

```
<matplotlib.legend.Legend at 0x1f428632fa0>
```

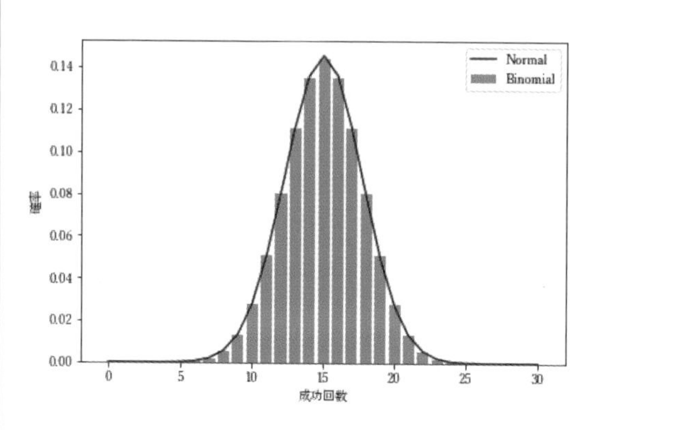

5-2-4 パラメータ推定の流れ

ここでは簡単な例を用いて、未知のパラメータの値を推定する流れについて解説します。あるパラメータは何らかの確率分布に従う確率変数であると想定します。多くの場合では、パラメータは連続型の確率変数とし、連続型の確率分布が設定されます。これはパラメータの仮説は無数にあるということであり、推定するのはパラメータの事後分布全体になります。ある1つのパラメータθを推定するとして、ベイズの定理は次のように表されます。

$$P(\theta \mid data) = \frac{P(data \mid \theta)P(\theta)}{\int P(data \mid \theta)P(\theta)d\theta} \quad \text{(式5.37)}$$

ここで、事前分布$P(\theta)$と事後分布$P(\theta \mid data)$は確率密度です。

正規分布のパラメータのμを推定するとしましょう。計算を簡単にするためにパラメータσの値は1であるとわかっているとします。この場合、ベイズの定理は次のように表すことができます。

$$P(\mu \mid data) = \frac{P(data \mid \mu)P(\mu)}{\int P(data \mid \mu)P(\mu)d\mu} \quad \text{(式5.38)}$$

まずは何かしらの情報や根拠に基づいて事前分布を定める必要があります。事前分布に関して何も情報がない場合には無情報事前分布を用います。無情報事前分布にどのような分布を使うと良いのかは今でも研究されている問題であり、問題に合わせて様々な分布が使われています。パラメータがどのような値かわからないので、どの値になる確率も同じ程度に低いと考え、裾の広い形状の分布が事前分布に設定されることが多いです。例えば、連続一様分布や分散が大きな正規分布などが使われます。ここではすべての仮説が同じ程度の確率を持つと考え、事前分布に連続一様分布を設定したとしましょう。μはパラメータ$a=0$と$b=10$の連続一様分布に従って分布するとします。

事前分布が設定できたら、データを収集して尤度を計算します。尤度を計算するには、データがどのような確率分布に従って分布するのかを仮定する必要があります。ここでは、データは正規分布に従って分布すると仮定し、正規分布の確率密度関数を用いて尤度を計算します。つまり、正規分布の確率密度関数が尤度関数になります。

ここまでに設定した統計モデルを簡潔に表記すると次のようになります。

$$\begin{aligned} \mu &\sim \mathrm{Uniform}(a=0, b=10) \\ x &\sim \mathrm{Normal}(\mu, \sigma=1) \end{aligned} \qquad \text{(式5.39)}$$

この式の上段はμの値を生成する事前分布を示しています。式の下段は観測データxがパラメータμ, $\sigma=1$を持つ正規分布に従うことが表現されています。

仮に観測データとして$x=3$が得られたときに$\mu=5$である尤度を求めてみましょう。これは正規分布の確率密度関数を使って（式5.40）のように計算できます。

$$f(x=3 \mid \mu=5, \sigma=1) = \frac{1}{\sqrt{2\pi}1} \exp\left\{-\frac{1}{2}\left(\frac{3-5}{1}\right)^2\right\} \fallingdotseq 0.054 \qquad \text{(式5.40)}$$

これは リスト5.16 のように**norm**クラスの**pdf**関数を用いて計算できます。

リスト5.16 $x=3$における$\mu=5$の尤度の計算

In

```
mu = 5
sigma = 1
x = 3

stats.norm.pdf(x, mu, sigma)
```

Out

```
0.05399096651318806
```

同様に考え、$x = 3$のもとでμが0から10である場合の尤度をグラフにしてみます（リスト5.17）。

リスト5.17 $x = 3$における尤度関数のグラフ

In

```
sigma = 5
x = 3
mu = np.linspace(0, 10)

fig, ax = plt.subplots(constrained_layout=True)

ax.plot(mu, stats.norm.pdf(x, mu, sigma))
ax.set_xlabel(r'$¥mu$')
ax.set_ylabel('尤度')
```

Out

```
Text(0, 0.5, '尤度')
```

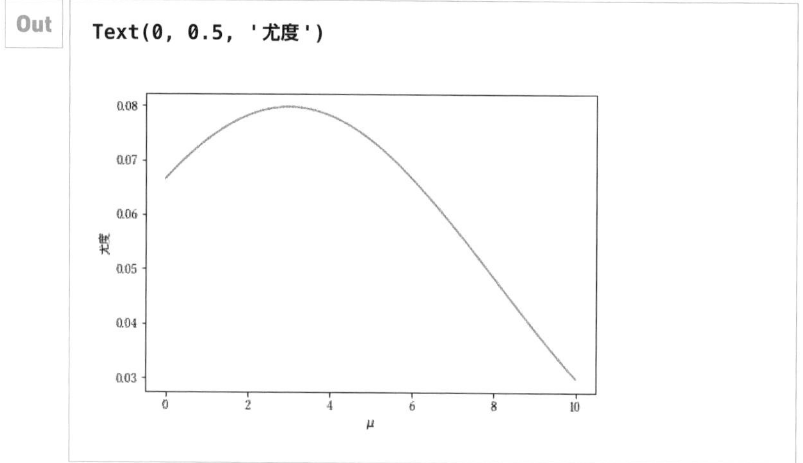

グラフのx軸は未知のパラメータμであり、y軸は尤度です。観測されたデータは$x = 3$であるので尤度の分布も$\mu = 3$で最大になる形になっています。また、正規分布を仮定していたので$\mu = 3$から最も離れた$\mu = 10$で尤度は最小になります。

このように事前分布と尤度の確率関数の式が定まれば、ベイズの定理から事後分布を表す確率密度関数も求まります。しかし、ベイズの定理の分母には積分計算が含まれます。問題によってはこの積分の計算が難解であることがあります。そこで、積分の計算をせずに事後分布を推定する方法が開発されてきました。その代表が次章で紹介する**マルコフ連鎖モンテカルロ法**です。また、事前分布とデータの分布の仮定をある特定の組み合わせにした場合、積分計算をせずに事後分布の確率密度関数を導出することができます。次章ではこの**共役事前分布**と呼ばれる分布についても解説します。

第6章 事後分布の推定方法

本章では、ベイズの定理の積分計算を回避する2つの方法を紹介します。1つは、共役事前分布によって事後分布の解析解を求める方法です。そしてもう1つは、マルコフ連鎖モンテカルロ法を使用することで数値計算によって事後分布を推定する方法です。マルコフ連鎖モンテカルロ法はPythonのライブラリのPyMC3を用いて手軽に実践することができます。

6.1 共役事前分布を利用したパラメータ推定

本節では、**ガンマ・ポアソン共役**という**共役事前分布**の例を通してパラメータの事後分布を推定する方法について解説します。

6-1-1 共役事前分布

ベイズの定理を用いてパラメータを推定するには、最初に事前分布を設定する必要があります。また、観測データも何かの確率分布に従うものと考えます。特定の事前分布とデータの確率分布の組み合わせの場合、事後分布はパラメータが違うだけで事前分布と同じ種類の確率密度関数になります。さらに、この特殊な組み合わせではベイズの定理を使わずに事後分布のパラメータを直接計算することができます。このような特殊な組み合わせで使われる事前分布を**共役事前分布**(conjugate prior distribution)と呼びます。

代表的な共役事前分布とデータの確率分布の組み合わせを 表6.1 に示します。事前分布と事後分布が同じ関数形になります。

表6.1 代表的な共役事前分布

共役事前分布	データの分布	事後分布
ガンマ	ポアソン	ガンマ
逆ガンマ	正規	逆ガンマ
正規	正規	正規
ベータ	二項	ベータ
ディリクレ	多項	ディリクレ

共役事前分布が適用できる問題は単純なものだけなので、現実の問題ではあまり有用ではありません。しかし、ベイズ統計の学習には役立つので、共役事前分布について知っておくことは無駄ではありません。

6-1-2 ガンマ・ポアソン共役

ここでは共役事前分布の1つである**ガンマ・ポアソン共役**を紹介します。事前分布をガンマ分布、データの分布をポアソン分布であるとしたとき、事後分布はガンマ分布となります。

ポアソン分布

ポアソン分布（Poisson distribution）は一定の時間内や空間内で特定の事象が何回発生するかという問題にしばしば適用される確率分布です。例えば、商品の購入客数、工場での事故件数、動物の発見個体数のような、非負の整数をとるデータに対して利用されます。ポアソン分布は観測された発生数に確率を割り当てるので離散的な確率分布です。よって、ポアソン分布は確率質量関数として記述されます。例えば、動物の発見個体数Xが期待値λのポアソン分布に従うとき、次のように表記されます。

$$P(X = x) = f(x \mid \lambda) = \frac{\lambda^x e^{-\lambda}}{x!} \tag{式6.1}$$

ここで、実現値は$x = 0, 1, 2, ...$のように非負の整数です。また、この確率質量関数のパラメータはλだけです。

ポアソン分布は試行回数が大きく、成功確率が小さい場合の二項分布とみなせます。例えば、住宅の訪問営業を考えてみます。1軒につき成約するかしないかの2つの結果しかありません。1000軒訪問して成約するのは10軒くらいかもしれません。このような訪問件数である試行回数nがとても大きく、成約する確率pがとても小さい場合に、成功回数はポアソン分布に従うとみなせます。この場合での二項分布とポアソン分布をグラフにしたものがリスト6.1です。ポアソン分布のグラフも離散的な結果のみが存在するため棒グラフなどで描く方が適切ですが、重ねると見辛いので折れ線グラフで描いています。

リスト6.1 二項分布とポアソン分布の比較

In

```
import matplotlib.pyplot as plt
import numpy as np
from scipy import stats


plt.rcParams['font.family'] = 'Yu Mincho'
```

```
n = 1000
p = 0.01
# lambda はPythonの予約語で使えないので変数名は lambda_ としている
lambda_ = n * p
x = np.arange(30)

fig, ax = plt.subplots(constrained_layout=True)

ax.bar(x, stats.binom.pmf(x, n, p), alpha=0.5,
       label='二項分布')
ax.plot(x, stats.poisson.pmf(x, lambda_), '-o',
        label='ポアソン分布')

ax.set_xlabel('成功回数')
ax.set_ylabel('確率')
ax.legend()
```

Out

```
<matplotlib.legend.Legend at 0x290ceac4f40>
```

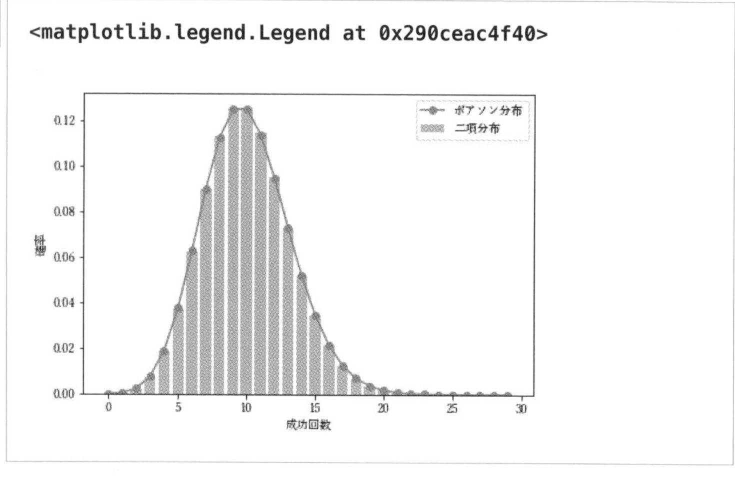

ポアソン分布の例として、ある交差点における1年間の事故件数を考えてみましょう。過去10年間の事故件数は 表6.2 であり、年間の平均件数は1.6件であると仮定します。

表6.2 過去10年間の事故件数

年	件数
1	1
2	0
3	2
4	3
5	1
6	3
7	2
8	1
9	1
10	2

これは1年間に多くの自動車が通り、稀に事故が起きるというデータであるため、このデータの記述にはポアソン分布を使うことができます。つまり、観測値である確率変数Xは1年間の事故件数であり、Xはポアソン分布として分布していることになります。これは次のように表せます。

$$X \sim \mathrm{Poisson}(\lambda) \qquad \text{(式6.2)}$$

ポアソン分布はSciPyの**stats**モジュールの**poisson**クラスで扱うことができます。交差点で今年に4件の事故がある確率を求めてみます。表6.2の事故件数から確率質量関数のパラメータは$\lambda = 1.6$です。よって、確率は(式6.3)のように計算できます。

$$f(x \mid \lambda) = f(4 \mid 1.6) = \frac{1.6^4 e^{-1.6}}{4!} \fallingdotseq 0.055 \qquad \text{(式6.3)}$$

Pythonではこの確率をリスト6.2のように求めることができます。

リスト6.2 ポアソン分布の確率の計算

In

```
lambda_ = 1.6
x = 4

stats.poisson.pmf(x, lambda_)
```

Out

```
0.05513120918040725
```

次はパラメータλによって分布の形状がどう変わるのかを見てみましょう。リスト6.3を実行すると$\lambda = 1, 3, 5, 7$の場合のポアソン分布がプロットされます。

リスト6.3 ポアソン分布におけるパラメータλの影響

In

```
lambda_ = [1, 3, 5, 7]
ls = ['-o', '-^', '-x', '-v']

n = 20
x = np.arange(n + 1)

fig, ax = plt.subplots(constrained_layout=True)

for m, l in zip(lambda_, ls):
    ax.plot(x, stats.poisson.pmf(x, m), l,
            label=rf'$¥lambda$={m}')

ax.set_xlabel(r'$x$')
ax.set_ylabel('確率')
ax.legend()
```

Out

```
<matplotlib.legend.Legend at 0x290d1c0aee0>
```

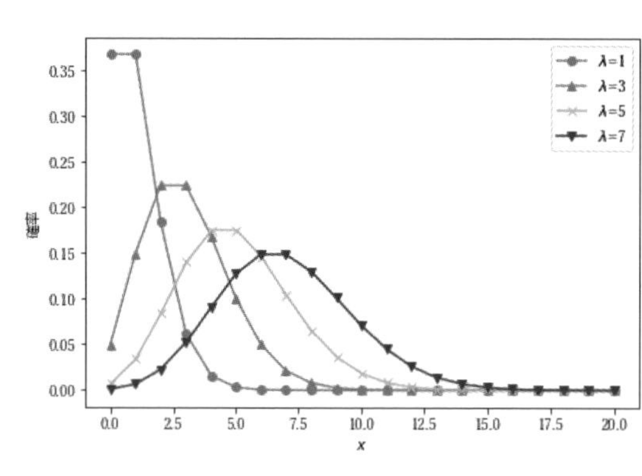

ポアソン分布は平均値がλであり、分散もλです。つまり、λが形状の位置と広がりを決めます。λの値が大きくなるとポアソン分布の位置が移動し、広がりも大きくなります。リスト6.4のように分散もλであることが確認できます。

リスト6.4 ポアソン分布の分散の計算

In

```
lambda_ = 1.6


stats.poisson.var(lambda_)
```

Out

```
1.6
```

今年に事故が4件あったとすれば、事故件数が増加傾向にあるかもしれません。そこで、1年の事故件数の推定値を$\lambda = 1.6$から更新してみたいと思います。この問題はパラメータλの値を推定する問題であり、λの仮説は無数にあります。無数の仮説に対する確信の度合いを推定するので、λの値1つだけではなく、λの確率分布を推定することになります。この問題でλの事前分布として適しているのがガンマ分布です。

ガンマ分布

λの事前分布に適した分布には**ガンマ分布**（Gamma Distribution）や**対数正規分布**（log-normal distribution）などがあります。今回は共役事前分布の例なのでガンマ分布を用います。（式6.4）がガンマ分布の確率密度関数です。

$$g(x \mid \alpha, \beta) = \frac{\beta^{\alpha} x^{\alpha-1} e^{-\beta x}}{\Gamma(\alpha)} \quad \text{(式6.4)}$$

この関数のパラメータはαとβです。また、xは0以上の実数です。分母のΓはガンマ関数を表し、αを正の整数として$\Gamma(\alpha) = (\alpha - 1)!$と計算されます。例えば、$\alpha = 2$と$\beta = 1$が与えられているとき、$x = 3$を観測する確率密度は次のように計算できます。

$$g(3 \mid 2, 1) = \frac{1^2 3^{(2-1)} e^{-1\times 3}}{\Gamma(2)} \fallingdotseq 0.149 \quad \text{(式6.5)}$$

これは**stats**モジュールの**gamma**クラスを使ってリスト6.5のように求めることができます。

リスト6.5 ガンマ分布の確率密度の計算

In

```
alpha = 2
beta = 1
x = 3

stats.gamma.pdf(x, alpha, scale=1/beta)
```

Out

```
0.14936120510359185
```

ガンマ分布の確率密度関数には2つのパラメータがあり、それらによって分布の形状と位置が決まります。また、パラメータの与え方には3つの形式があります。(式6.4) は形状パラメータαとレートパラメータβを用いた場合の式です。ガンマ分布を共役事前分布とする場合にはこの形式がよく使われます。ほかにはβの代わりに尺度パラメータ$\theta = 1/\beta$を使う形式や、平均パラメータ$\mu = \alpha/\beta$を使う形式があります。どの形式を使用するかは取り組む問題によって異なります。

パラメータの値によってガンマ分布の形状がどのように変わるのか見てみましょう。リスト6.6 ではαとβの値を変えて4つのガンマ分布をプロットしています。

リスト6.6 ガンマ分布におけるパラメータαとβの影響

In

```
alphas = [2, 2, 9, 9]
betas = [1, 2, 1, 2]
ls = ['-', ':', '-.', '--']
x = np.linspace(0, 20, num=100)

fig, ax = plt.subplots(constrained_layout=True)

for a, b, l in zip(alphas, betas, ls):
    ax.plot(x, stats.gamma.pdf(x, a, scale=1/b), l,
            label=rf'$¥alpha$={a}, $¥beta$={b}')

ax.set_xlabel(r'$x$')
ax.set_ylabel('確率密度')
ax.legend()
```

Out

```
<matplotlib.legend.Legend at 0x290d1d3de50>
```

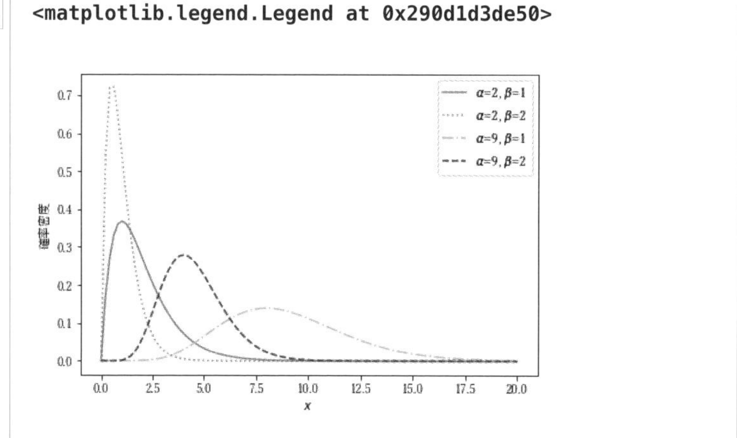

4つの曲線の下の面積はすべて1です。αとβの両方の値が分布の位置と広がりに影響します。ガンマ分布の平均μと分散σ^2は以下のように表されます。

$$E(X) = \mu = \frac{\alpha}{\beta} \qquad \text{(式6.6)}$$

$$V(X) = \sigma^2 = \frac{\alpha}{\beta^2} \qquad \text{(式6.7)}$$

αが大きくなるにつれて、あるいはβが小さくなるにつれて平均値と分散が大きくなります。なお、ガンマ分布では平均値において確率密度が最大になるのではないことに注意してください。

パラメータ推定

ポアソン分布とガンマ分布の概要を掴んだので、共役事前分布を使ってパラメータを推定してみましょう。前章で説明したパラメータ推定の流れでパラメータλの事後分布を求めます。統計モデルを簡潔に表記すると次のようになります。

$$\begin{aligned} \lambda &\sim \text{Gamma}(\alpha, \beta) \\ x &\sim \text{Poisson}(\lambda) \end{aligned} \qquad \text{(式6.8)}$$

このλが推定しようとしている未知のパラメータです。λは0から無限大までの任意の値をとれるため、λの仮説は無限にあります。今回は共役事前分布の例として、未知のパラメータをガンマ分布に従う確率変数として扱います。つまり、

λの各仮説がどの程度あり得るのかということを表すためにガンマ分布を設定しています。この例では形状パラメータαとレートパラメータβで表したガンマ分布が適しています。（式6.8）の下段の式は、観測されたデータxがパラメータλのポアソン分布から発生するランダムな観測値であることを表しています。尤度はこのポアソン分布で計算します。

この問題には$\alpha_0 = 1.6$と$\beta_0 = 1$の事前分布を使ってみましょう。αやβのような事前分布のパラメータは**ハイパーパラメータ**（hyperparameter）と呼ばれます。この用語は事前分布のパラメータを、関心のある未知のパラメータであるλと区別するために使用されます。

観測された事故件数は4件でした。λの各仮説値について、1年に4件の事故を観測する尤度を計算する必要があります。リスト6.7はλの値に対して尤度がどのように変化するかをプロットしています。

リスト6.7 $\lambda = 4$における尤度関数のグラフ

In

```
lambda_ = np.linspace(0, 15, num=100)
x = 4

fig, ax = plt.subplots(constrained_layout=True)

ax.plot(lambda_, stats.poisson.pmf(x, lambda_))

ax.set_xlabel(r'$¥lambda$')
ax.set_ylabel('尤度')
```

Out

```
Text(0, 0.5, '尤度')
```

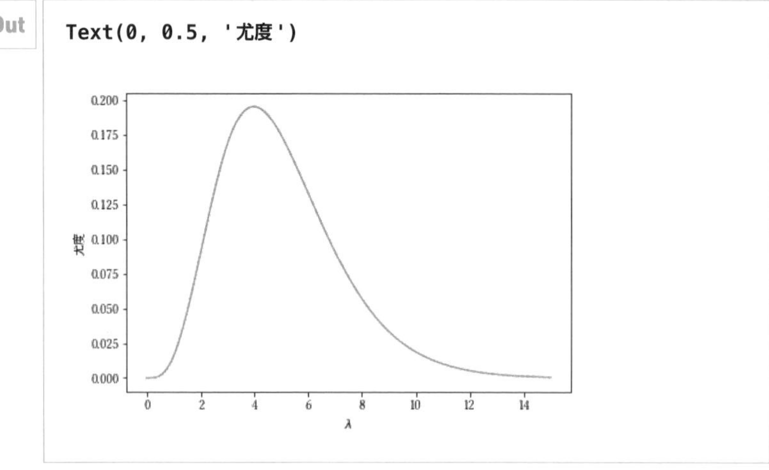

この問題ではベイズの定理でλという単一のパラメータを推定しようとしています。λは連続確率変数であり、事後確率密度は（式6.9）のベイズの定理から求めます。

$$P(\lambda \mid data) = \frac{P(data \mid \lambda)P(\lambda)}{\int_0^\infty P(data \mid \lambda)P(\lambda)d\lambda} \qquad \text{(式6.9)}$$

第5章でも触れましたが、問題によっては分母の積分を計算するのは非常に難しい場合があります。しかしこの問題では共役事前分布を設定しているので、事後分布への更新に積分は必要ありません。数学的な証明は省略しますが、事後分布のパラメータα_1はα_0に観測値の総和を加えたものになります。ここでは次の計算式でα_1が求まります。

$$\alpha_1 = \alpha_0 + \sum_{i=1}^{n} x_i \qquad \text{(式6.10)}$$

事前分布のハイパーパラメータは$\alpha_0 = 1.6$と$\beta_0 = 1$に設定していました。また、1年に4件の事故を観測したので総和の項は$n = 1$で$x_1 = 4$だけです。よって、次のようにα_1は更新されます。

$$\alpha_1 = 1.6 + 4 = 5.6 \qquad \text{(式6.11)}$$

こちらも証明は省略しますが、パラメータβ_1はβ_0とnの和になります。

$$\beta_1 = \beta_0 + n = 1 + 1 = 2 \qquad \text{(式6.12)}$$

以上のように簡単に事後分布のパラメータを計算することができます。そして、事後分布の平均と分散は以下のようになります。

$$\frac{\alpha_1}{\beta_1} = \frac{5.6}{2} = 2.8 \qquad \text{(式6.13)}$$

$$\frac{\alpha_1}{\beta_1^2} = \frac{5.6}{2^2} = 1.4 \qquad \text{(式6.14)}$$

リスト6.8を実行してλの事前分布と事後分布を見てみましょう。破線の曲線が事後分布を示しています。

リスト6.8 事前分布と事後分布の比較

In

```
alpha0 = 1.6
beta0 = 1
alpha1 = alpha0 + 4
beta1 = beta0 + 1

fig, ax = plt.subplots(constrained_layout=True)

ax.plot(lambda_,
        stats.gamma.pdf(lambda_, alpha0, scale=1/beta0),
        label=rf'$¥alpha_0$={alpha0}, $¥beta_0$={beta0}')
ax.plot(lambda_,
        stats.gamma.pdf(lambda_, alpha1, scale=1/beta1),
        '--',
        label=rf'$¥alpha_1$={alpha1}, $¥beta_1$={beta1}')

ax.set_xlabel(r'$¥lambda$')
ax.set_ylabel('確率密度')
ax.legend()
```

Out

```
<matplotlib.legend.Legend at 0x290d1ccc0d0>
```

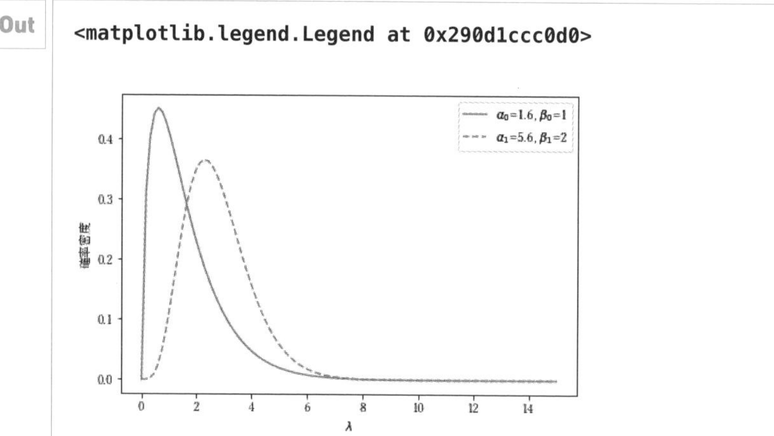

ポアソン分布の確率変数として1つのデータを観測した結果、事後分布は破線のようになりました。この事後分布がデータを観測したことによる、λの各仮説についての信念の度合いを表しています。この問題では事後分布が観測されたデータに引き寄せられるような形になりました。

より多くの情報を収集していくと、ベイズ推定のアプローチによって事後分布を更新していくことができます。さらに表6.3のような新しいデータを収集したとしましょう。これらもポアソン分布に従っているとします。この場合の事後分布を求めるのも簡単です。

表6.3 過去5年間の事故件数

年	件数
12	3
13	1
14	2
15	1
16	5

今度は先程求めた事後分布を事前分布に設定します。つまり、事前分布のハイパーパラメータは$\alpha_1 = 5.6$と$\beta_1 = 2$です。5年で観測した事故件数の合計は12件です。よってパラメータは以下のように更新されます。

$$\alpha_2 = 5.6 + 12 = 17.6 \qquad \text{(式6.15)}$$

$$\beta_2 = 2 + 5 = 7 \qquad \text{(式6.16)}$$

新しい事後分布の平均と分散は以下のようになりました。

$$\frac{\alpha_2}{\beta_2} = \frac{17.6}{7} \fallingdotseq 2.51 \qquad \text{(式6.17)}$$

$$\frac{\alpha_2}{\beta_2^2} = \frac{17.6}{7^2} \fallingdotseq 0.36 \qquad \text{(式6.18)}$$

先程の結果にこの事後分布も重ねて表示させてみます（リスト6.9）。

リスト6.9 更新された事後分布の確認

In

```
alpha2 = alpha1 + 12
beta2 = beta1 + 5

fig, ax = plt.subplots(constrained_layout=True)

ax.plot(lambda_,
        stats.gamma.pdf(lambda_, alpha0, scale=1/beta0),
        label=rf'$¥alpha_0$={alpha0}, $¥beta_0$={beta0}')
ax.plot(lambda_,
        stats.gamma.pdf(lambda_, alpha1, scale=1/beta1),
        '--',
        label=rf'$¥alpha_1$={alpha1}, $¥beta_1$={beta1}')
ax.plot(lambda_,
        stats.gamma.pdf(lambda_, alpha2, scale=1/beta2),
        '-.',
        label=rf'$¥alpha_2$={alpha2}, $¥beta_2$={beta2}')

ax.set_xlabel(r'$¥lambda$')
ax.set_ylabel('確率密度')
ax.legend()
```

Out

```
<matplotlib.legend.Legend at 0x290d2e8c940>
```

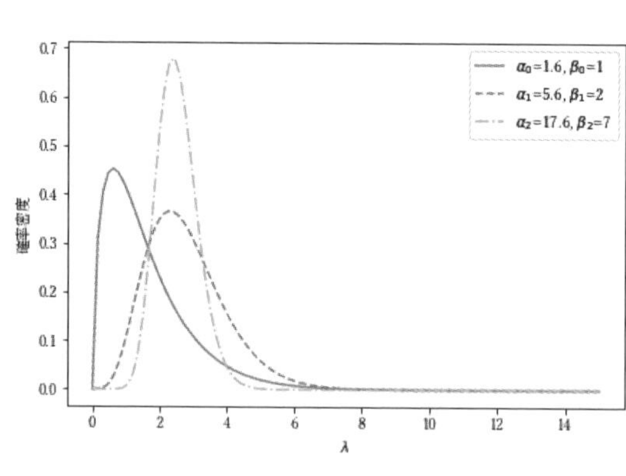

新しい事後分布は頂点が高く、幅が狭くなりました。つまり、真のパラメータが平均値の近くである確率が高いということです。

事前分布には持っている情報を最もよく表すものを選択するべきなので、表6.2や表6.3のような情報があるのであれば、無情報事前分布を使う必要はありません。情報が何もないために無情報事前分布を使う場合には、α_0とβ_0を小さな値に設定する方法があります。α_0とβ_0が非常に小さい場合、完全ではありませんが全体的に分布が平坦なものになります。ここではα_0とβ_0を0.01と設定したとしましょう。1年で4件の事故があったとき、パラメータは以下のように更新されます。

$$\alpha_1 = 0.01 + 4 = 4.01 \quad \text{(式6.19)}$$

$$\beta_1 = 0.01 + 1 = 1.01 \quad \text{(式6.20)}$$

この結果から事後分布の平均値は次のように計算できます。

$$\frac{\alpha_1}{\beta_1} = \frac{4.01}{1.01} \fallingdotseq 3.97 \quad \text{(式6.21)}$$

データだけからすると平均値は$\lambda = 4$となるところです。(式6.21)の結果はそれに近いので、この事前分布は事後分布に対して大きな影響を与えていないことがわかります。リスト6.10では無情報事前分布と、その場合の事後分布をプロットしています。

リスト6.10 無情報事前分布を使用した場合の事後分布

In

```
alpha0 = 0.01
beta0 = 0.01
alpha1 = alpha0 + 4
beta1 = beta0 + 1

fig, ax = plt.subplots(constrained_layout=True)

ax.plot(lambda_,
        stats.gamma.pdf(lambda_, alpha0, scale=1/beta0),
        label=rf'$¥alpha_0$={alpha0}, $¥beta_0$={beta0}')
ax.plot(lambda_,
        stats.gamma.pdf(lambda_, alpha1, scale=1/beta1),
```

```
            '--',
            label=rf'$¥alpha_1$={alpha1}, $¥beta_1$={beta1}')

ax.set_xlabel(r'$¥lambda$')
ax.set_ylabel('確率密度')
ax.legend()
```

Out

```
<matplotlib.legend.Legend at 0x290d2f919a0>
```

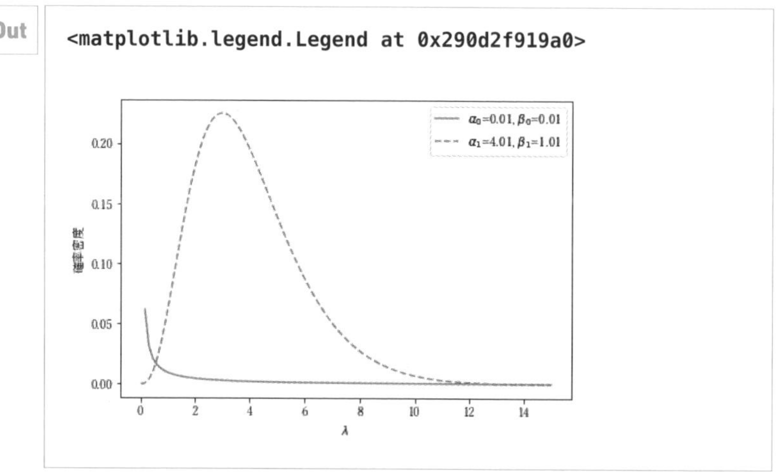

6.2 PyMC3入門

本節ではPythonのライブラリであるPyMC3の基本的な使用方法を解説します。PyMC3を使用すれば簡単な操作だけで事後分布を数値的に推定することができます。

6-2-1 PyMC3の概要

前節では特定の事前分布とデータの確率分布の組み合わせの場合、解析的に事後分布を求められることを紹介しました。しかし、現実の問題では統計モデルが複雑になることが多く、このように事後分布を求められることは稀です。そこで、ベイズの定理において困難な積分計算を回避しつつ、数値的に事後分布を推定する手法が開発されてきました。そのようなシミュレーション法の代表が**マルコフ連鎖モンテカルロ法**、略して**MCMC（Markov Chain Monte Carlo）法**です。

MCMC法は数学的に取り扱いが難しいため、最初は概要だけ掴んでMCMC法を体験することから始めてみましょう。MCMC法の内容や、結果が信頼できるかを診断する方法については次の第7章で説明します。

PythonにはMCMC法を利用するライブラリとして**PyMC3**と**PyStan**が開発されています。PyStanはRという言語のStanライブラリをPythonから利用できるようにしたものです。Stanで開発されたコードはとても多く、それを利用できることがPyStanを使う利点です。一方のPyMC3の利点はPythonの文法を学ぶだけで利用できることで、非常にシンプルで直感的な構文でコードを書くことができます。

本書ではPyMC3の基本的な使用方法を解説します。PyMC3の基本コードはPythonを使って書かれており、計算量の多い部分の処理にはNumPyとTheanoというライブラリを使用して処理を高速化しています。Theanoは元々ディープラーニングのために開発されたライブラリであり、PyMC3に実装されている計算手法において勾配を計算するのに利用されています。TheanoとPyMC3の開発は終了していますが、開発者達によってメンテナンスは継続され、今後数年間にわたってPyMC3が利用できることは保証されています。また、現在はPyMC3の後継であるPyMC4の開発も行われています。

PyMC3はユーザーが数行のコードを書くだけで統計モデルを定義できます。コードを実行すると、MCMC法によってパラメータの事後分布に従う乱数が多数生成されます。そのサンプリング結果から事後分布の特性を求めていきます。PyMC3のようなライブラリを使えば、ユーザーは計算内容の詳細は気にせず、モデルの構築と結果の評価に集中することができます。

6-2-2 PyMC3の基本的な使い方

PyMC3を利用するためにまずは リスト6.11 のコードを実行してPyMC3をインポートします。インポートする際の名前としては**pm**がよく使われています。

リスト6.11 PyMC3のインポート

In
```
import pymc3 as pm
```

PyMC3を使用していると、今後のバージョンで問題が起きるかも知れないという警告が出ることがあります。これは無視して使用して問題ありません。警告を非表示にするには リスト6.12 を実行しておきます。

リスト6.12 警告を非表示にする

In
```
import warnings
warnings.simplefilter('ignore', FutureWarning)
```

統計モデルは確率変数の集合として定義されます。PyMC3は確率変数を表現するために様々な確率分布のクラスを提供しています。提供されている確率分布のクラスの一覧は、リスト6.13を実行すると確認できます。

リスト6.13 確率分布クラスの一覧

In
```
# 長いので10個だけ表示
dir(pm.distributions)[:10]
```

Out
```
['AR',
 'AR1',
 'AsymmetricLaplace',
 'BART',
 'Bernoulli',
 'Beta',
 'BetaBinomial',
 'Binomial',
 'Bound',
 'Categorical']
```

例えば**pm.Normal**クラスを用いて正規分布の確率変数を表現することができます。ほかにもポアソン分布の確率変数を表現するための**pm.Poisson**クラスや、ガンマ分布の確率変数を表現するための**pm.Gamma**クラスなどがあります。各クラスの詳細については**help(pm.Normal)**などを実行して説明文を読んでみてください。

まずはPyMC3の確率分布クラスの単純な使い方を見てみましょう。リスト6.14ではパラメータが$\mu = 4$と$\sigma = 1$である正規分布のオブジェクトを作成しています。確率分布クラスの**dist**メソッドにパラメータの値を指定します。

リスト6.14 正規分布を表すオブジェクト

In
```
mu = 4
sigma = 1

dist = pm.Normal.dist(mu=mu, sigma=sigma)
dist
```

Out

$$[\text{unnamed}] \sim \text{Normal}(mu = 4.0,\ sigma = 1.0)$$

リスト6.15のように**random**メソッドを用いて、確率分布に従う乱数を生成することができます。ここでは乱数を5個生成しています。

リスト6.15 正規分布の乱数の生成

In
```
import numpy as np

# 乱数のシードを設定
np.random.seed(1)

dist.random(size=5)
```

Out
```
array([5.62434536, 3.38824359, 3.47182825, 2.92703138, ➡
4.86540763])
```

統計モデルを表現するために**pm.Model**クラスを使用します。リスト6.16のように**with**文を使って**pm.Model**クラスを呼び出します。この例では**model**という変数にモデルを表すオブジェクトが代入されます。**with**文の中で作成される確率変数のオブジェクトは自動的にモデルのオブジェクトに関連付けられます。

リスト6.16 統計モデルの定義方法

In
```
with pm.Model() as model:
    pm.Normal('X', mu=mu, sigma=sigma)
```

PyMC3の確率変数クラスの第1引数には確率変数の名前を指定します。ここでは正規分布に従う**X**という名前の確率変数を作成しています。また、第2引数以降にはパラメータの値を指定します。

リスト6.17のようにモデルオブジェクトを参照すると、定義したモデルの数式表現を見ることができます。

リスト6.17 定義したモデルの数式表現

In
```
model
```

Out

$$X \sim \text{Normal}$$

モデルオブジェクトの**basic_RVs**属性を参照することで、モデル内に存在する確率変数を調べることができます。ここではモデル内に確率変数**X**があることが確認できます（リスト6.18）。

リスト6.18 モデルに定義されている確率変数

In
```
model.basic_RVs
```

Out
```
[X ~ Normal]
```

モデル内の確率変数から乱数を生成するために、MCMC法の**計算手順**（アルゴリズム）が実装された**pm.sample**関数を使用します。**with**文で先程のモデルを指定し、そのブロックの中で**pm.sample**関数を呼び出します（リスト6.19）。**random_seed**は乱数のシードを指定するための引数です。

リスト6.19 モデルに従う乱数の生成

In
```
with model:
    trace = pm.sample(random_seed=0)
```

Out

```
Auto-assigning NUTS sampler...
Initializing NUTS using jitter+adapt_diag...
Multiprocess sampling (4 chains in 4 jobs)
NUTS: [X]

100.00% [8000/8000 00:16<00:00 Sampling 4 chains, ➡
0 divergences]

Sampling 4 chains for 1_000 tune and 1_000 draw ➡
iterations (4_000 + 4_000 draws total) took 78 seconds.
```

pm.sample関数が返すトレースオブジェクトには**サンプリング結果**（生成された乱数）がまとめられています。リスト6.20のように確率変数名を指定することで、NumPyの配列として乱数が得られます。

リスト6.20 生成された乱数の確認

In

```
trace['X']
```

Out

```
array([5.3071602 , 5.23964484, 5.53259143, ..., ➡
2.84873344, 3.21571482,
       1.24450018])
```

乱数の生成回数などは**pm.sample**関数の引数で指定できます。デフォルトではコードを実行する環境によって生成回数は変わります。著者の環境では4000個の乱数が作成されました（リスト6.21）。

リスト6.21 乱数の生成回数の確認

In

```
trace['X'].shape
```

Out

```
(4000,)
```

生成された乱数列をpandasのデータフレームで扱いたい場合には、リスト6.22のように**pm.trace_to_dataframe**関数を使用します。

リスト6.22 サンプリング結果をデータフレームで扱う方法

In
```
pm.trace_to_dataframe(trace)
```

Out

	X
0	5.307160
1	5.239645
2	5.532591
3	5.468521
4	4.743249
...	...
3995	5.211034
3996	5.211034
3997	2.848733
3998	3.215715
3999	1.244500

4000 rows × 1 columns

作成された乱数のヒストグラムを確認してみましょう。ヒストグラムの作成方法はいくつかありますが、リスト6.23ではseabornを使って作成しています。また、この図には**カーネル密度推定**（kernel density estimation）というヒストグラムを滑らかな曲線にしたようなものも表示させています。カーネル密度推定を表示させるには**kde**引数に**True**と指定します。今回のヒストグラムは乱数の生成回数が多いほど正規分布の形状に近づいていきます。

リスト6.23 ヒストグラムとカーネル密度推定

In
```
import matplotlib.pyplot as plt
import seaborn as sns

fig, ax = plt.subplots(constrained_layout=True)

sns.histplot(trace['X'], stat='density',
             kde=True, ax=ax)
```

Out

```
<AxesSubplot:ylabel='Density'>
```

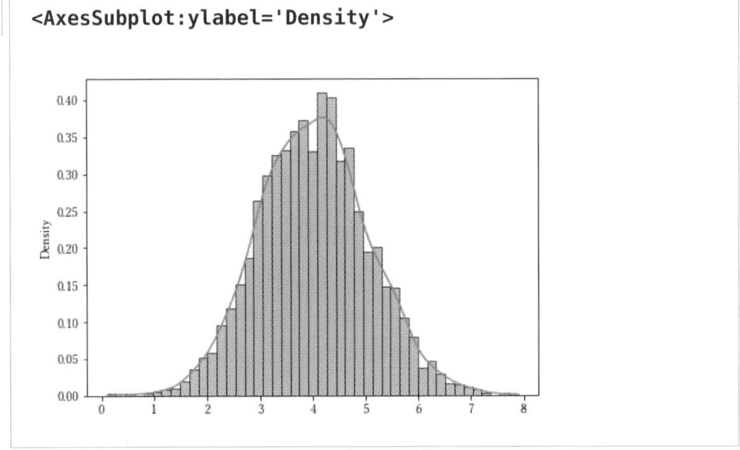

ヒストグラムは大変有用ですが、不連続にグラフの形状が変わり、デコボコした形になってしまいます。そこでカーネル密度推定が用いられます。図6.1はカーネル密度推定の考え方を図として表したものです。

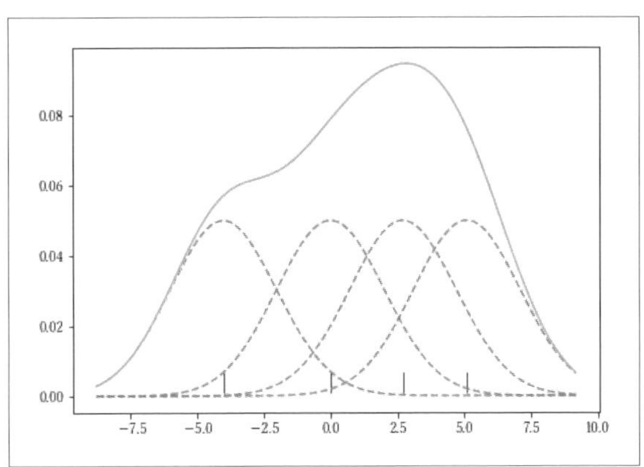

図6.1 カーネル密度推定の概要

図には4つのデータ点があり、そのデータの値を縦棒で示しています。左端の縦棒は-4、左から2番目が0という具合です。このようにデータの位置を縦棒で示したグラフを**ラグプロット**（rug plot）と呼びます。

破線は各々のデータ点を中心とした正規分布の確率密度関数をプロットしたものです。この曲線の裾の広さなどは、バンド幅というパラメータとしてあらかじめ指定します。

そして破線の曲線をすべて足し合わせると青い実線になります。この曲線がカーネル密度推定の結果であり、データが密集しているところには高い密度が得られるグラフが描かれます。今回は正規分布を使いましたが、それ以外の分布を適用することもできます。

PyMC3の確率分布クラスでは、分布のパラメータである平均μや分散σ^2などを定数ではなく、確率変数として指定することもできます。これを用いて、モデル内で発生する確率変数間の依存関係を表現していきます。例えば、リスト6.24では正規分布の平均μが標準正規分布に従うことを表しています。今度はパラメータを指定する引数に確率変数のオブジェクトを指定しています。また、モデルからサンプリングして乱数を生成しています。

リスト6.24 確率変数間に依存関係がある場合の例

In

```
with pm.Model() as model:
    mu = pm.Normal('mu', mu=0, sigma=1)
    pm.Normal('theta', mu=mu, sigma=1)

    trace = pm.sample(random_seed=1)
```

Out

```
Auto-assigning NUTS sampler...
Initializing NUTS using jitter+adapt_diag...
Multiprocess sampling (4 chains in 4 jobs)
NUTS: [theta, mu]

100.00% [8000/8000 00:19<00:00 Sampling 4 chains, ➡
0 divergences]

Sampling 4 chains for 1_000 tune and 1_000 draw ➡
iterations (4_000 + 4_000 draws total) took 87 seconds.
```

モデルの数式表現や**basic_RVs**属性を確認するとリスト6.25、リスト6.26のようになります。

リスト6.25 モデルの数式表現

In
```
model
```

Out

$$\begin{array}{rcl} \text{mu} & \sim & \text{Normal} \\ \text{theta} & \sim & \text{Normal} \end{array}$$

リスト6.26 モデルに定義されている確率変数

In
```
model.basic_RVs
```

Out
```
[mu ~ Normal, theta ~ Normal]
```

確率変数が複数ある場合においても、トレースオブジェクトに確率変数名を指定することで生成された乱数を参照できます（リスト6.27）。

リスト6.27 サンプリング結果の確認

In
```
fig, ax = plt.subplots(constrained_layout=True)

sns.histplot(trace['theta'], stat='density',
             kde=True, ax=ax)
```

Out
```
<AxesSubplot:ylabel='Density'>
```

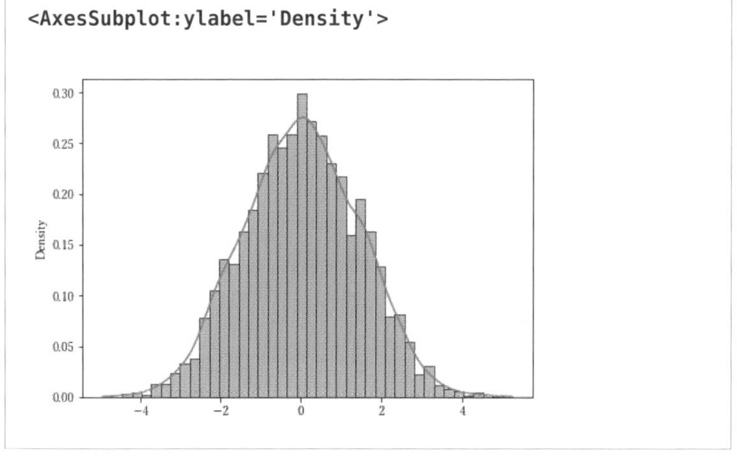

6-2-3 事後分布のサンプリング

ここまでに見た例では、モデルには単純な確率変数しか定義していませんでした。ベイズ推定の文脈では、これは推定したいパラメータとその事前分布を定義しただけにすぎません。つまり、定義した事前分布に従う乱数を生成させていました。しかし、MCMC法を用いる目的は、観測されたデータを考慮して事後分布に従う乱数を得ることです。

前節で紹介したガンマ-ポアソン共役の例題をPyMC3を使って復習してみましょう。MCMC法を用いて事後分布を推定する方法を示し、共役解との比較を行います。交差点での事故件数の統計モデルは（式6.8）を確認してください。

PyMC3で事後分布を求めるためには、確率変数の**observed**引数を使用して観測データを追加します。観測値はリスト、タプル、NumPyの配列、pandasのデータフレームなどで渡すことができます。例えば、観測された事故件数を4としてモデルを定義するとリスト6.28のようになります。コードの最初の行で観測データのリストを作成しています。**with**文のブロックでは最初に未知のパラメータλの事前分布を定義しています。最後の行では観測データを指定して確率変数を定義しています。これは尤度関数を構築するために使用されます。

リスト6.28 観測データがある場合のモデルの定義方法

In
```
data = [4]

with pm.Model() as model:
    lambda_ = pm.Gamma('lambda', alpha=1.6, beta=1)
    pm.Poisson('x', mu=lambda_, observed=data)
```

これでモデルの指定は完了です。モデルの数式表現はリスト6.29のようになっています。この中で**lambda_log__**となっているのは、内部的に**lambda**の値の対数が計算に使用されることを示しています。

リスト6.29 モデルの数式表現

In
```
model
```

Out

$$
\begin{aligned}
\text{lambda\_log\_\_} &\sim \text{TransformedDistribution} \\
\text{lambda} &\sim \text{Gamma} \\
\text{x} &\sim \text{Poisson}
\end{aligned}
$$

モデルの確率変数の一覧は**basic_RVs**属性で確認できます（リスト6.30）。

リスト6.30 モデルの確率変数の一覧

In
```
model.basic_RVs
```

Out
```
[lambda_log__ ~ TransformedDistribution, x ~ Poisson]
```

パラメータの事前分布のような観測データが設定されていない確率変数は**free_RVs**属性で確認できます（リスト6.31）。

リスト6.31 観測データが設定されていない確率変数

In
```
model.free_RVs
```

Out
```
[lambda_log__ ~ TransformedDistribution]
```

尤度を計算するための確率変数はモデルの中で観測データが設定されており、**observed_RVs**属性から参照できます（リスト6.32）。

リスト6.32 観測データが設定された確率変数

In
```
model.observed_RVs
```

Out
```
[x ~ Poisson]
```

今回のような観測データが設定された確率変数があるモデルでは、**pm.sample**関数を呼び出すとパラメータの事後分布の乱数が生成されます（リスト6.33）。PyMC3はサンプリングに必要な設定の多くを自動的に行ってくれます。

リスト6.33 事後分布のサンプリング

In
```
with model:
    trace = pm.sample(random_seed=1)
```

Out

```
Auto-assigning NUTS sampler...
Initializing NUTS using jitter+adapt_diag...
Multiprocess sampling (4 chains in 4 jobs)
NUTS: [lambda]

100.00% [8000/8000 00:17<00:00 Sampling 4 chains, ➡
0 divergences]

Sampling 4 chains for 1_000 tune and 1_000 draw
iterations (4_000 + 4_000 draws total) took 81 seconds.
```

結果のメッセージを見てみましょう。1行目と2行目は、PyMC3が自動的にNUTS（No U-Turn Sampler）という計算アルゴリズムを使用し、それを初期化するメソッドを使用したことを示しています。**pm.sample**関数の**step**引数を使用してNUTS以外の方法を選択することもできます。NUTSは連続変数に適した強力なアルゴリズムです。3行目のチェーンとジョブの数は、プログラムの実行環境を考慮して自動で決まります。4行目は、どの確率変数の乱数が生成されているかを示しています。その後は生成した乱数の個数や、その生成にかかった時間などが表示されます。チェーンの意味や乱数生成回数については次章で詳しく説明します。著者の環境では1000個の乱数生成を1まとめとして、それが4回行われています。

6-2-4 結果の評価

事後分布の乱数が得られたのでその結果を確認しましょう。PyMC3には推定結果の評価に役立つ関数が多数提供されています。それらの関数ではArviZというライブラリの関数を利用しています。サンプリング結果を可視化したトレースプロットを作成するため、**pm.plot_trace**関数にトレースオブジェクトを渡して実行してみましょう（リスト6.34）。

リスト6.34 トレースプロット

In

```
pm.plot_trace(trace)
```

Out

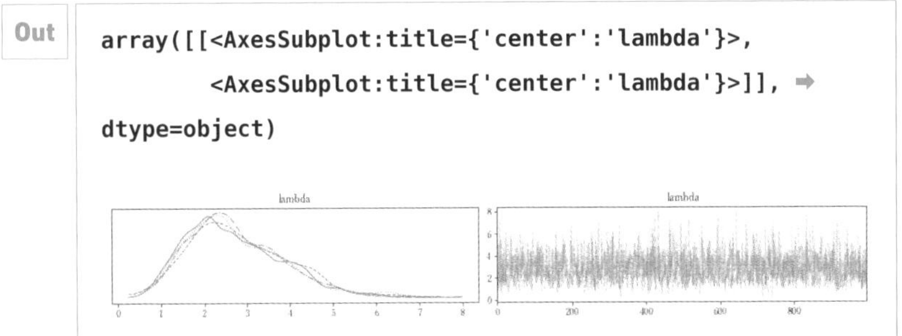

```
array([[<AxesSubplot:title={'center':'lambda'}>,
        <AxesSubplot:title={'center':'lambda'}>]], ➡
dtype=object)
```


この関数はトレースオブジェクトの乱数に関して2つのグラフを作成します。今回は**`lambda`**の事後分布の乱数だけが対象です。右側のグラフは生成された順番で乱数を並べたものを折れ線グラフで表示したものです。また、左側には乱数の分布のカーネル密度推定が表示されています。線が4つ重なっているのは、一連の乱数生成が4回繰り返されているためです。何回か乱数生成を実行してみて、その結果が大きく異なるようでは困ります。この4回の乱数生成は並列に実行されますが、結果の分析の際にはまとめて扱うことができます。

また、グラフではなく数値的な結果を示したいことがあります。**`pm.summary`**関数を使うと乱数の平均値、標準偏差、94%の**最高密度区間**（highest density interval：HDI）などが表示されます（リスト6.35）。**`mean`**、**`sd`**、**`hdi_3%`**、**`hdi_97%`**が結果の要約を表す数値として利用されます。それ以外の項目は分析結果の診断に使用されるもので、詳細は次の章で解説します。

リスト6.35 サンプリング結果の要約統計量

In

```
pm.summary(trace)
```

Out

	mean	sd	hdi_3%	hdi_97%	mcse_mean	mcse_sd	ess_bulk	ess_tail	r_hat
lambda	2.771	1.161	0.774	4.789	0.027	0.019	1735.0	2465.0	1.0

そのほか、NumPyなどの関数を使って平均値や標準偏差などの統計量を計算することができます（リスト6.36）。推定値の代表として平均値を採用すると**事後期待値**（expected a posteriori：EAP）、中央値を採用すると**事後中央値**（posteriori mdedian：MED）と呼ばれます。平均値のようなある1点の値を推定することを**点推定**（point estimation）と呼びます。

リスト6.36 事後期待値と事後中央値

In
```
mu = trace['lambda'].mean()
sigma = trace['lambda'].std()

print(f'EAP = {mu}')
print(f'MED = {sigma}')
```

Out
```
EAP = 2.770910489800644
MED = 1.1610218384185667
```

事後分布の最頻値（確率分布で確率や確率密度が最大の値）をモデルの**事後確率最大値**（maximum a posteriori：MAP）と呼びます。一般的にMAPだけを求める場合にはMCMC法ではなく、**数値最適化手法**という方法が使われます。リスト6.37のように**pm.find_MAP**関数にモデルオブジェクトを指定するとMAPが得られます。点推定値としてMAPだけを知りたい場合はこの方法は有用ですが、事後分布の乱数は得られないので要約統計量を見て議論することができません。また、事後分布の形状によってはMAPの解釈は難しくなることがあるため、MCMC法で事後分布の乱数を生成してEAPやMEDを確認することを推奨します。

リスト6.37 事後確率最大値

In
```
map = pm.find_MAP(model=model)
map
```

Out
```
100.00% [6/6 00:00<00:00 logp = -4.1034, ||grad|| = ➡
1.4]
{'lambda_log__': array(0.83290896), 'lambda': ➡
array(2.29999962)}
```

今回の例では事前分布はガンマ分布であり、事後分布も同様にガンマ分布であるとわかっています。そこで推定したλの平均値と標準偏差をパラメータとするガンマ分布を確認してみましょう。ガンマ分布の確率密度関数のパラメータαとβを求めると以下のようになります。

$$\alpha = \frac{\mu^2}{\sigma^2} = \frac{2.771^2}{1.161^2} \fallingdotseq 5.696 \quad \text{(式6.22)}$$

$$\beta = \frac{\mu}{\sigma^2} = \frac{2.771}{1.161^2} \fallingdotseq 2.056 \quad \text{(式6.23)}$$

この推定値は解析解（真値）である$\alpha = 5.6$と$\beta = 2$に一致してはいませんが、近い値になっています。推定値と真値のパラメータでガンマ分布のグラフを作成してみます（リスト6.38）。グラフでも推定値と真値の結果は近いことがわかります。

リスト6.38 MCMC法による推定値と真値の比較

In

```
from scipy import stats

plt.rcParams['font.family'] = 'Yu Mincho'

alpha_mc = mu**2 / sigma**2
beta_mc = mu / sigma**2
alpha_t = 5.6
beta_t = 2.0

x = np.linspace(0, 15, num=100)

fig, ax = plt.subplots(constrained_layout=True)

ax.plot(x, stats.gamma.pdf(x, alpha_mc, scale=1/beta_mc),
        label=rf'$MCMC: ¥alpha$={alpha_mc:.1f}, ➡
$¥beta$={beta_mc:.1f}')
ax.plot(x, stats.gamma.pdf(x, alpha_t, scale=1/beta_t),
        'k--',
        label=rf'$true: ¥alpha$={alpha_t}, ➡
$¥beta$={beta_t}')

ax.set_xlabel(r'$¥lambda$')
ax.set_ylabel('確率密度')
ax.legend()
```

Out

```
<matplotlib.legend.Legend at 0x290d8fed220>
```

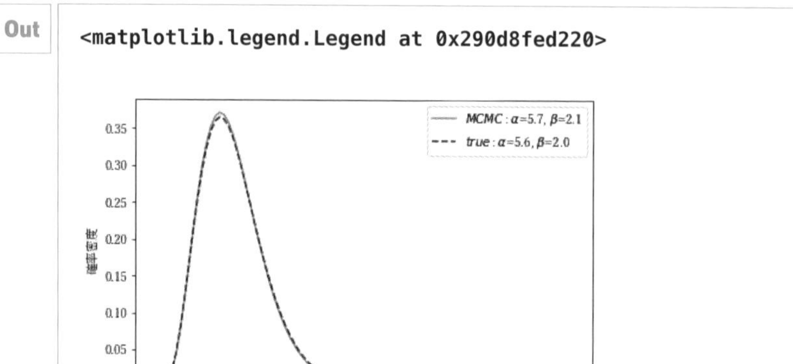

分布の位置と散らばり具合は**最高密度区間**（HDI）で表すことができます。94%HDIとは、パラメータの真値がその区間に94%の確率で存在することを意味しています。パラメータの区間推定にはいくつか種類がありますが、最高密度区間には確率分布が多峰形であったり左右対象の形でなくても、必ず分布の**最頻値**（MAP）が区間に含まれるという特徴があります。なお、この94%という数値には特に意味はありません。データ分析の目的に応じて区間は適宜変更されます。最高密度区間の上限と下限の値は**pm.summary**関数のほか、**pm.hdi**関数からも確認できます（リスト6.39）。

リスト6.39 最高密度区間の確認

In

```
pm.hdi(trace)
```

Out

```
xarray.Dataset
------------------------------------------------------------
► Dimensions: (hdi: 2)
▼ Coordinates:
    hdi        (hdi)     <U6 'lower' 'higher'
▼ Data variables:
    lambda     (hdi)   float64 0.7737 4.789
► Attributes: (0)
```

PyMC3には事後分布を視覚的に要約するための**pm.plot_posterior**関数が用意されています。この関数は離散変数ではヒストグラムを、連続変数ではカーネル密度推定を表示します。また、分布の平均値のほか、94%HDIがプロットの下部に黒線で表示されます（リスト6.40）。**hdi_prob**引数を用いてHDIの間隔値を設定することもできます。

リスト6.40 **pm.plot_posterior**関数の例①

In

```
pm.plot_posterior(trace)
```

Out

```
<AxesSubplot:title={'center':'lambda'}>
```

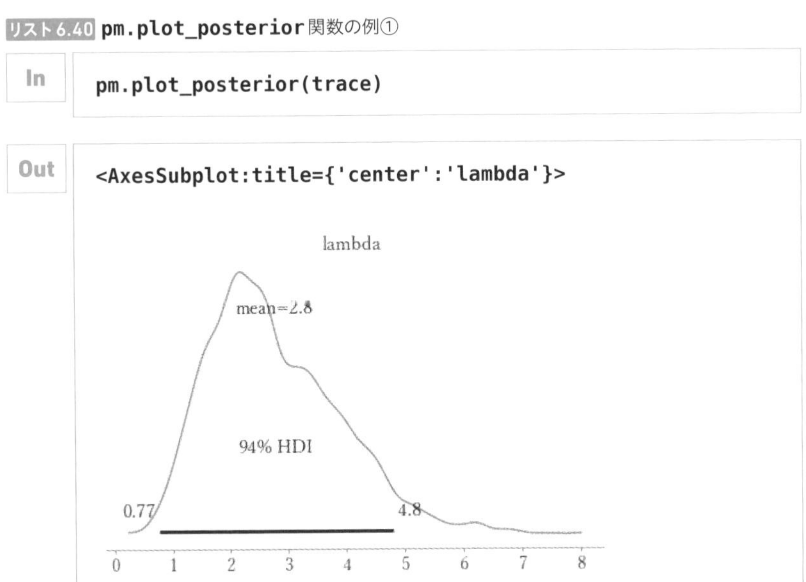

事後分布に基づいて仮説の評価をするために、実質的に**等価な範囲**（region of practical equivalence：ROPE）を定義することがあります。これは何かしらの情報に基づいて定めた任意の区間のことです。この区間内にある値はすべて、実質的に等価であると仮定します。例えば、コイン投げ問題では成功確率pの推定値がちょうど0.5となることはありません。そのため、推定量がある程度の範囲で0.5に近ければ、コインにイカサマはないと考えます。その定めた範囲であるROPEとHDIを比較し、HDIの内側にROPEが入っているようであればコインにイカサマはないと判断します。ROPEは意思決定に使用するものなので分析者が主観的に設定します。ただし、それが妥当なのかはよく議論して定めなければなりません。**pm.plot_posterior**関数では**rope**引数でROPEを表示させることができます（リスト6.41）。

また、**pm.plot_posterior**関数の**ref_val**引数で図に参照値を表示させることもできます。参照値の位置に縦線が引かれ、その値よりも大きい確率と小さい確率が一緒に表示されます。

リスト6.41 **pm.plot_posterior**関数の例②

In
```
pm.plot_posterior(trace, rope=[2.0, 3.0], ref_val=2.5)
```

Out
```
<AxesSubplot:title={'center':'lambda'}>
```

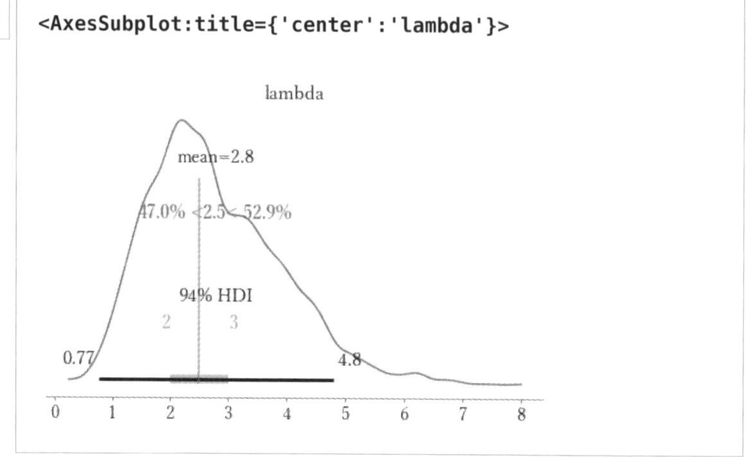

最後に紹介する**pm.plot_forest**関数は事後分布の平均値とHDIを可視化します(リスト6.42)。デフォルトでは細線が94%HDI、太線が50%HDIを示しています。また、白丸が平均値の位置を示しています。この図でも線が4本あるのは、一連の乱数生成が4回繰り返されているためです。

リスト6.42 **pm.plot_forest**関数の例①

In
```
pm.plot_forest(trace)
```

Out

```
array([<AxesSubplot:title={'center':'94.0% HDI'}>], ➡
dtype=object)
```

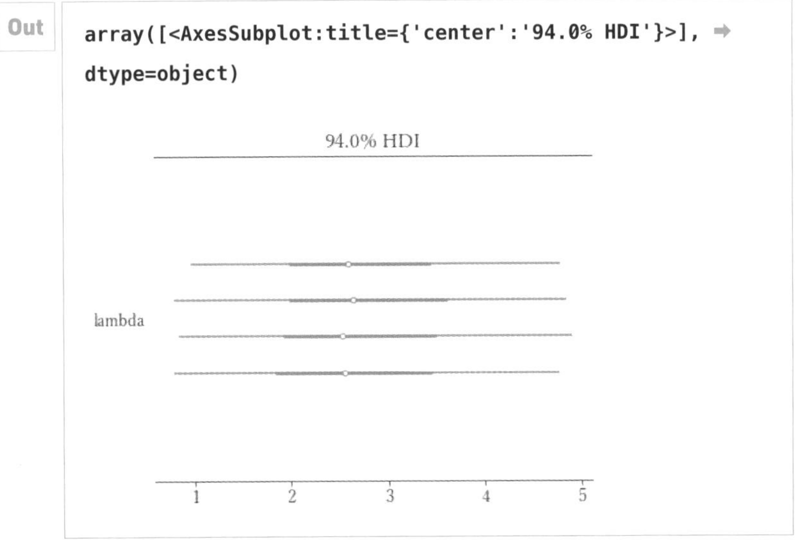

複数の線を1つにまとめたい場合は**combined**引数に**True**と指定します（リスト6.43）。

リスト6.43 **pm.plot_forest**関数の例②

In

```
pm.plot_forest(trace, combined=True)
```

Out

```
array([<AxesSubplot:title={'center':'94.0% HDI'}>], ➡
dtype=object)
```

94.0% HDI

lambda

1　2　3　4

第7章 MCMC法の概要と診断情報

PyMC3は実際に乱数の生成がどのように行われるのかを知らなくても使うことができます。しかし、得られた結果が信頼できるのか、失敗していた場合に何をするべきかを考えるために、MCMC法の内容を大まかに理解しておく必要があります。本章ではMCMC法の概要と、結果が信頼できるかを判定する方法について解説します。

7.1 メトロポリスアルゴリズム

解析的に事後分布全体を計算することができなくても、MCMC法を用いて事後分布の乱数を得ることはできます。MCMC法の計算アルゴリズムにはいくつか種類があり、本節ではその基本となるメトロポリスアルゴリズムを中心に解説します。

7-1-1 MCMC法とは何か

MCMC法は**乱数**を生成する手法の1つです。乱数のことを**標本**や**サンプル**とも呼びます。乱数とは確率的に変化するランダムな値のことで、確率変数の値を指します。いくつかの確率分布に関しては、その分布に従う乱数を生成する方法が開発されており、MCMC法を使うまでもなく簡単に乱数を生成できます。MCMC法は簡単に生成できる乱数を組み合わせることにより、複雑な確率分布の乱数も生成することができます。

MCMC法は乱数を生成したいときにはいつでも使えますが、特に複雑な事後分布に従う乱数を生成したいときに活躍します。ベイズの定理によってパラメータの事後分布を求めたい場合、解析的にその事後分布を得ることは難しいことがしばしばあります。そこで事後分布に従う乱数をMCMC法を用いて生成するのです。その乱数から事後分布を推定し、現象の解釈や将来の予測を行います。例えば、乱数の平均値を計算すれば、それがパラメータの点推定値となります。厳密な解析解とは多少の差はありますが、実用上はこれで十分であることが多いです。乱数を生成するという手間はありますが、MCMC法を使えば複雑な積分計算をせずに事後分布の推定ができてしまいます。

7-1-2 メトロポリスアルゴリズム

MCMC法ではどのようにして乱数を生成するかを具体的に見ていきましょう。MCMC法の代表的な計算アルゴリズムが**メトロポリスアルゴリズム**（Metropolis algorithm）です。ここではメトロポリスアルゴリズムによって事後分布に従う乱数を生成する方法を解説します。

MCMC法はパラメータが多く複雑なモデルにおいて威力を発揮します。しかし、話が難しくなるので、最初は1つのパラメータだけを推定するモデルを考えましょう。また、そのパラメータは連続型の確率分布に従うと仮定します。パラメータがλである場合、ベイズの定理は次のように表されます。

$$P(\lambda \mid data) = \frac{P(data \mid \lambda)P(\lambda)}{\int_0^\infty P(data \mid \lambda)P(\lambda)d\lambda} \quad \text{（式7.1）}$$

ベイズの定理の分母は定数になることはすでに説明しました。よって、ベイズの定理を（式7.2）のように書くことができます。

$$P(\lambda \mid data) \propto P(data \mid \lambda) \times P(\lambda) \quad \text{（式7.2）}$$

ここで∝は式の両辺が比例関係であることを表す数学記号です。与えられた仮説の事後密度は、その仮説のもとでデータを観察する尤度と、事前密度の積に比例します。つまり、（式7.3）のように表記することができます。この右辺はカーネルと呼ばれ、メトロポリスアルゴリズムではカーネルを計算していくことになります。

$$\text{posterior} \propto \text{likelihood} \times \text{prior} \quad \text{（式7.3）}$$

さて、ここからは具体的にパラメータの値を設定して説明していきます。説明にちょうど良いので、前章の交差点における事故件数のモデルに沿って話を進めます。まず最初に事前分布から得られる乱数を1つ生成します。これは開始点や初期値と呼ばれ、初期値に厳密な決まりはありません。ここでは仮に$\lambda = 2.3$から始めることにします。

まずは事前分布の確率密度関数から$\lambda = 2.3$での確率密度、つまり事前密度を計算します。ここでは（式7.4）のガンマ分布の確率密度関数を使います。

$$f(\lambda \mid \alpha, \beta) = \frac{\beta^\alpha \lambda^{\alpha-1} e^{-\beta\lambda}}{\Gamma(\alpha)} \quad \text{（式7.4）}$$

事前分布のパラメータの設定は$\alpha_0 = 1.6$と$\beta_0 = 1$としています。確率密度関数に仮定したλの値を代入して確率密度は次のように求まります。

$$f(2.3 \mid 1.6, 1) = \frac{1^{1.6} \times 2.3^{1.6-1} \times e^{-1\times 2.3}}{\Gamma(1.6)} \fallingdotseq 0.1850 \quad \text{（式7.5）}$$

さて、ある年に4回の事故を観測したとします。$\lambda = 2.3$のときにそのデータを観測する尤度を計算します。（式7.6）がポアソン分布の確率質量関数です。

$$g(x \mid \lambda) = \frac{\lambda^x e^{-\lambda}}{x!} \quad \text{（式7.6）}$$

この関数から尤度は次のように計算できます。

$$g(4 \mid 2.3) = \frac{2.3^4 \times e^{-2.3}}{4!} \fallingdotseq 0.1169 \quad \text{(式7.7)}$$

事後密度は尤度と事前密度の積に比例するので、最初に仮定した$\lambda = 2.3$での事後密度は次の値に比例します。

$$P(\lambda = 2.3 \mid 4) \propto 0.1169 \times 0.1850 \fallingdotseq 0.0216 \quad \text{(式7.8)}$$

λの現在値をλ_cと表すとし、(式7.8) の値を$P(\lambda_c \mid data)$と表記するようにします。

次にλ_cを中心とした対称形の分布からランダムに値を選び、それをλの第2の提案値とします。このような次の提案値を描画するために使用される分布は**提案分布**と呼ばれます。この例では、提案分布に対称形の正規分布を使用し、そのパラメータは$\mu = \lambda_c$と$\sigma = 0.5$であるとします。この提案分布ではσは**チューニングパラメータ**と呼ばれます。提案分布から次の提案値として$\lambda = 4.1$が選ばれたとします。

ここからは先程と同様の流れで$\lambda = 4.1$における事後密度を求めていきます。(式7.4) のガンマ分布の確率密度関数を用いて事前密度は次のように求まります。

$$f(4.1 \mid 1.6, 1) = \frac{1^{1.6} \times 4.1^{1.6-1} \times e^{-1 \times 4.1}}{\Gamma(1.6)} \fallingdotseq 0.0432 \quad \text{(式7.9)}$$

(式7.6) のポアソン分布の確率質量関数から、$\lambda = 4.1$で4回の事故を観測する尤度は次のようになります。

$$g(4 \mid 4.1) = \frac{4.1^4 \times e^{-4.1}}{4!} \fallingdotseq 0.1951 \quad \text{(式7.10)}$$

よって、提案値の$\lambda = 4.1$における事後密度は次の値に比例します。

$$P(\lambda = 4.1 \mid data) \propto 0.1951 \times 0.0432 \fallingdotseq 0.0084 \quad \text{(式7.11)}$$

ここでは、これを$P(\lambda_p \mid data)$と表記することにします。

次に、以上のように計算したカーネルの値を用いて、もとの値($\lambda_c = 2.3$)のままでいるのか、それとも提案された値($\lambda_p = 4.1$)を選択するのかを決めます。初期値と提案値の事後密度の比は、カーネルの比として計算できます。ここでのポイントは、邪魔だった正規化定数（ベイズの定理の分母）を考える必要がないということです。そして、提案値を受け入れる確率p_{move}を、カーネルの比を使って次の式で決めるとします。

$$p_{move} = \min\left(\frac{P(\lambda_p \mid data)}{P(\lambda_c \mid data)}, 1\right) \quad \text{(式7.12)}$$

この式のminは、2つの値のうち小さい方（最小値）を選択するという意味です。カーネルの比から、この例では提案値を受け入れる確率は0.3889となります。

$$p_{move} = \min\left(\frac{0.0084}{0.0216}, 1\right) = \min(0.3889, 1) = 0.3889 \quad \text{(式7.13)}$$

もしもp_{move}が1であれば、提案値の方が確率密度が高いので提案値が採用されます。逆にp_{move}が1でなければ、初期値の方が確率密度が高く、提案値が採用される確率は低くなります。

次に、下限0、上限が1の連続一様分布から乱数を1つ生成します。その乱数がp_{move}よりも小さければ提案値を受け入れ、そうでなければ初期値のままにします。提案値の確率密度の方が大きい場合、常に提案値の方に移動することになります。そうでない場合には、提案値に移動するかしないかは、どのような乱数を引くかによります。仮に乱数が0.6128だったとしましょう。この値は0.3889よりも大きいので、提案値を受け入れずにλは2.3のままになります。このようにして選ばれた値を次の計算サイクルのλ_cとします。

以上の試行を何回も繰り返してλ_cの値を記録していきます。このようにして得られた一連の乱数は**マルコフ鎖**や**サンプリングチェーン**と呼ばれます。ある時点でのλ_cは、その1つ前の時点でのλ_cに影響されて決まることからチェーンと表現されます。

なお、複数のパラメータがあるモデルにおいても、同じような流れで計算が行われます。1度に1つのパラメータにだけ焦点を当て、そのパラメータの提案値を選び、提案値を受け入れるかを判定していきます。PyMC3では複数のパラメータがあるモデルも問題なく扱えます。

リスト7.1は10回の試行によって得られたλ_cの値を折れ線グラフにしたものです。初期値は2.3であり、その次は提案が受け入れられなかったとして2.3を維持しています。その後は提案が受け入れられていき、値が毎回変化しています。

リスト7.1 乱数生成を10回繰り返した例

In

```
import matplotlib.pyplot as plt
import numpy as np
```

```
plt.rcParams['font.family'] = 'Yu Mincho'

x = np.arange(1, 11)
y = np.array([2.3, 2.3, 2.714, 2.473, 2.761, 2.9165, ➡
3.174, 2.815, 2.629, 2.837])

fig, ax = plt.subplots(constrained_layout=True)

ax.plot(x, y, 'o-')
ax.set_xlabel('試行回数')
ax.set_ylabel(r'¥lambda_c')
```

Out

```
Text(0, 0.5, '¥¥lambda_c')
```

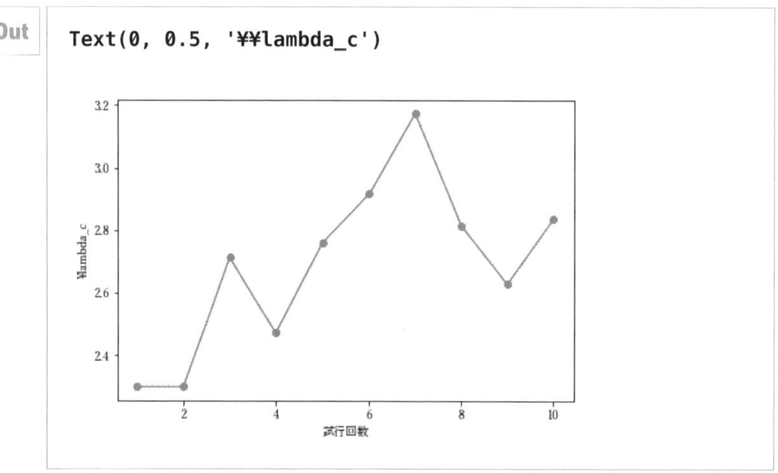

最終的にはチェーンの平均値がほとんど変化しなくなります。そのような変化しなくなった確率分布を**定常分布**と呼び、確率分布が定常分布に収束したと表現します。そして、その定常分布に従う乱数こそが、求めたかった事後分布に従う乱数になります。その乱数からパラメータの平均値などを計算できます。今回は10回でしたが、適切な事後分布を生成するにはより多くの試行回数が必要です。

7-1-3 メトロポリス・ヘイスティングスアルゴリズム

メトロポリスアルゴリズムでは、乱数の提案値は現在の値を平均値とする正規分布に従う乱数として生成されます。このとき、正規分布の分散をどのように設定するかが課題になります。分散は提案値が受け入れられる確率（受容率）が20%から50%程度になるように調整する必要があります。このような調整するパラメータは**チューニングパラメータ**と呼ばれます。

分散が大きすぎると絶対値の大きい値が提案されやすくなるため、受容率は下がります。逆に分散が小さすぎる場合、提案値は現在値とあまり変わらないので、提案値が受容されたとしてもあまり変化がありません。どちらにしろ定常分布に収束するのに長い時間がかかってしまいます。

提案分布に正規分布以外を使いたい場合もあります。例えば、推定しようとするパラメータが有界で、0から1の間の値であるとわかっているとします。パラメータが有界である場合、正規分布では境界外の値が提案されてしまうことがあります。また、提案分布に何を使うべきかについて確信があり、それが対称分布でなくても使用したいことなどがあります。そこで、提案分布に対称分布でないものも使えるようにしたのが、**メトロポリス・ヘイスティングスアルゴリズム**(Metropolis-Hastings algorithm) です。この計算アルゴリズムの流れはメトロポリスアルゴリズムと実質的には同じですが、受容率の計算に（式7.14）の補正係数が追加されていることが違います。ここで、hは提案分布の確率密度関数を表しています。

$$\frac{h(\lambda_c \mid \lambda_p)}{h(\lambda_p \mid \lambda_c)} \quad \text{(式7.14)}$$

そして、次の式で受容率p_{move}が計算されます。

$$p_{move} = \min\left(\frac{P(\lambda_p \mid data) \times h(\lambda_c \mid \lambda_p)}{P(\lambda_c \mid data) \times h(\lambda_p \mid \lambda_c)}, 1\right) \quad \text{(式7.15)}$$

補正係数を追加することで対称でない分布を提案分布に使用することができます。補正係数は提案値（λ_p）を平均値とした分布から現在の値（λ_c）を得る確率密度を、現在の値（λ_c）を平均値とした分布から提案値（λ_p）を得る確率密度で割ったものです。対称分布であれば補正係数は1になり、メトロポリスアルゴリズムになります。つまり、メトロポリスアルゴリズムはメトロポリス・ヘイスティングスアルゴリズムの特別な場合であるといえます。

PyMC3ではメトロポリス・ヘイスティングスアルゴリズムが利用できます。リスト7.2はPyMC3で使用できるサンプラー（計算アルゴリズム）の一覧を表示しています。今回はこの中の`Metropolis`クラスを使用し、100回の試行での結果を見てみましょう。

リスト7.2 PyMC3で利用できるサンプラーの一覧

In

```
import pymc3 as pm
import warnings
warnings.simplefilter('ignore', FutureWarning)

print([x for x in dir(pm.step_methods) if x[0].➡
isupper()])
```

Out

```
['BinaryGibbsMetropolis', 'BinaryMetropolis', ➡
'CategoricalGibbsMetropolis', 'CauchyProposal', ➡
'CompoundStep', 'DEMetropolis', 'DEMetropolisZ', ➡
'DEMetropolisZMLDA', 'ElemwiseCategorical', ➡
'EllipticalSlice', 'HamiltonianMC', 'LaplaceProposal', ➡
'MLDA', 'Metropolis', 'MetropolisMLDA', ➡
'MultivariateNormalProposal', 'NUTS', ➡
'NormalProposal', 'PGBART', 'PoissonProposal', ➡
'RecursiveDAProposal', 'Slice', 'UniformProposal']
```

リスト7.3 を実行してサンプリングします。通常は最適なサンプラーを自動で選択してくれますが、今回は使用するものを明示する必要があります。**pm.sample** 関数の **step** メソッドで使用するサンプラーを指定します。

リスト7.3 サンプラーを指定してサンプリングする例

In

```
data = [4]

with pm.Model() as model:
    lambda_ = pm.Gamma('lambda', alpha=1.6, beta=1)
    x = pm.Poisson('x', mu=lambda_, observed=data)

    step = pm.step_methods.Metropolis()

    trace = pm.sample(100, tune=0, step=step,
                      random_seed=1)
```

Out

```
Only 100 samples in chain.
Multiprocess sampling (4 chains in 4 jobs)
Metropolis: [lambda]

100.00% [400/400 00:04<00:00 Sampling 4 chains, ➡
0 divergences]

Sampling 4 chains for 0 tune and 100 draw iterations ➡
(0 + 400 draws total) took 65 seconds.
The rhat statistic is larger than 1.05 for some ➡
parameters. This indicates slight problems during ➡
sampling.
The number of effective samples is smaller than 25% ➡
for some parameters.
```

リスト7.4のように**pm.plot_trace**関数を用いてトレースプロットを表示できます。図の右側に4本のチェーンがあり、これらは異なる4つの初期値から始まっています。乱数の開始値が異なると多少は乱数の分布は変わります。しかし、試行回数が多くなるにつれて、その影響は無視できるほど小さくなっていきます。

リスト7.4 結果のトレースプロット

In

```
pm.plot_trace(trace)
```

Out

```
array([[<AxesSubplot:title={'center':'lambda'}>,
        <AxesSubplot:title={'center':'lambda'}>]], ➡
dtype=object)
```

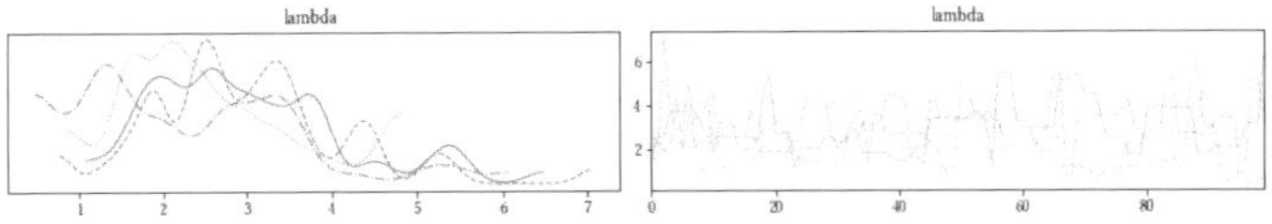

得られた乱数をヒストグラムで表してみましょう。リスト7.5ではseabornの**distplot**を使ってヒストグラムを作成しています。また、その結果のカーネル密度推定もプロットしています。図の破線は共役事前分布によって求めた理論的

な事後分布です。この例では乱数が少ないせいもあって結果は良くありません。試行回数などを調整すると、乱数は事後分布に近い分布になっていきます。

リスト7.5 結果のヒストグラム

In
```
import seaborn as sns
from scipy import stats

alpha = 5.6
beta = 2
lambda_ = np.linspace(0, 15, 100)

fig, ax = plt.subplots(constrained_layout=True)

# 推定結果のヒストグラム
sns.distplot(trace['lambda'], ax=ax)

# 理論的な事後分布
ax.plot(lambda_,
        stats.gamma.pdf(lambda_, alpha, scale=1/beta),
        'k--',
        label=rf'$¥alpha$={alpha}, $¥beta$={beta}')

ax.legend()
```

Out
```
<matplotlib.legend.Legend at 0x21cee2808e0>
```

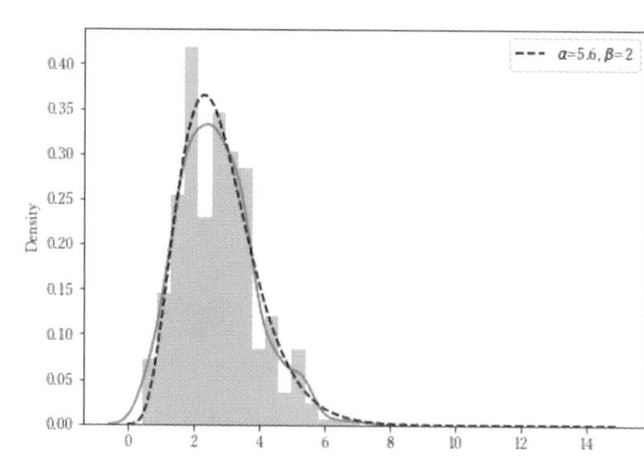

7-1-4 ハミルトニアン・モンテカルロ法（HMC法）

ほかにもPyMC3で利用できる計算アルゴリズムはたくさんあります。メトロポリス・ヘイスティングスアルゴリズムでは、マルコフ連鎖は理論的に正確な事後分布に収束していきます。しかし、十分な乱数を得るために非常に多くの時間がかかることがあります。この欠点を改善する方法の1つが**ハミルトニアン・モンテカルロ（Hamiltonian Monte Carlo：HMC）法**です。HMC法は計算コストが高いという欠点はありますが、受容率が高く、かつ現在値が大きく変化するような値が提案される特徴を持った方法です。

HMC法の数学的な理論の説明は本書のレベルを超えているため、本書では簡単な概要の説明だけにします。HMC法では提案値は提案分布から生成されるわけではありません。最初に事後分布の確率密度の負の対数を計算する$-\log(P(\lambda \mid data))$という関数を考えます。確率密度が大きくなるほど、この関数の値は小さくなります。提案値の確率密度が大きければ、それが受容される確率も高くなります。そこで関数の勾配を計算しつつ、関数の最小値におけるλの値を探索します。これは**最適化手法**としてよく知られる方法であり、これによって確率密度が大きい提案値を得ることができます。提案値を得た後の流れはメトロポリス・ヘイスティングスアルゴリズムと同様です。

HMC法でもいくつかのパラメータを調整する必要があり、その調整は大きな課題になります。そこでHMC法に工夫を加えたのが**No-U-Turn Sampler**（NUTS）という方法です。NUTSはパラメータ調整のようなことをほぼ必要としないため、非常に効率良く乱数を得られます。PyMC3のデフォルト設定では、連続型のパラメータには**`NUTS`**を、離散型のパラメータには**`Metropolis`**を割り当てるようになっています。

7.2 MCMC法の診断情報

MCMC法によって得られた推定結果を評価する前に、その結果に問題はないかを確認する作業が必要です。本節では、MCMC法を実行後に診断するべき一般的な事項について解説します。

7-2-1 結果の保存と読み込み

PyMC3は事後分布の乱数を生成し、それをトレースオブジェクトとして管理します。モデルや乱数の生成個数によっては、乱数の生成にとても時間がかかってしまいます。何度も同じコードを実行することがないよう、必要であれば得られた結果をファイルに保存するようにしましょう。PyMC3にはトレースオブジェクトの保存と読み込みを行う関数が用意されています。

まずは リスト7.6 を実行してPyMC3を使えるようにしておきます。

リスト7.6 PyMC3のインポート

In

```
import pymc3 as pm
import warnings
warnings.simplefilter('ignore', FutureWarning)
```

適当なモデルを定義し、事後分布の乱数を生成します（リスト7.7）。このモデル自体には特に意味はありません。

リスト7.7 サンプリング

In

```
data = [5]

with pm.Model() as model:
    lambda_ = pm.Gamma('lambda', alpha=2.6, beta=1)
    x = pm.Poisson('x', mu=lambda_, observed=data)

    trace = pm.sample(random_seed=1)
```

Out

```
Auto-assigning NUTS sampler...
Initializing NUTS using jitter+adapt_diag...
Multiprocess sampling (4 chains in 4 jobs)
NUTS: [lambda]

100.00% [8000/8000 00:15<00:00 Sampling 4 chains, ➡
0 divergences]
```

```
Sampling 4 chains for 1_000 tune and 1_000 draw ➡
iterations (4_000 + 4_000 draws total) took 76 seconds.
```

結果の要約統計量は リスト7.8 のようになります。

リスト7.8 結果の要約統計量

In

```
pm.summary(trace)
```

Out

	mean	sd	hdi_3%	hdi_97%	mcse_mean	mcse_sd	ess_bulk	ess_tail	r_hat
lambda	3.773	1.38	1.307	6.306	0.034	0.024	1583.0	1937.0	1.0

PyMC3にはトレースオブジェクトを保存する**pm.save_trace**関数が用意されています。この関数の引数には保存するトレースオブジェクトと、保存先のフォルダ名を指定します。リスト7.9 を実行すると**my_trace**というフォルダにデータが保存されます。**overwrite**引数に**True**を指定すると、同名のフォルダがあった場合に上書き保存されるようになります。

リスト7.9 データの保存

In

```
pm.save_trace(trace, 'my_trace', overwrite=True)
```

Out

```
'my_trace'
```

データを読み込むには**pm.load_trace**関数を使用します。注意点としては、リスト7.10 のように**with**文を使って保存したトレースオブジェクトのモデルに紐付ける必要があります。

リスト7.10 データの読み込み

In

```
with model:
    trace_l = pm.load_trace('my_trace')
```

リスト7.11 を実行して要約統計量を見てみましょう。これは リスト7.8 の実行結果と同じなので、保存したデータを読み込めていることがわかります。

リスト7.11 読み込んだデータの要約統計量を確認

In
```
pm.summary(trace_l)
```

Out

	mean	sd	hdi_3%	hdi_97%	mcse_mean	mcse_sd	ess_bulk	ess_tail	r_hat
lambda	3.773	1.38	1.307	6.306	0.034	0.024	1583.0	1937.0	1.0

7-2-2 乱数の生成個数の設定

MCMC法によって得られるのは乱数なので、MCMC法を使用する際には乱数をいくつ生成するかを考える必要があります。個数が少なすぎると精度が悪くなりますが、多すぎても処理に時間がかかるので効率が良くありません。生成される乱数の個数は自由に設定できます。1つのチェーンごとに何個の乱数を生成するかを**pm.sample**関数の第1引数である**draws**引数で設定します。デフォルトでは1つのチェーンで1000個の乱数が生成されます。

しかし、チェーンの最初の方は乱数が定常状態になっていません。信頼性の高い乱数を残すために最初の何個かの乱数は破棄されます。この乱数が破棄される期間は**バーンイン（burn-in）期間**などと呼ばれます。1つのチェーンごとに破棄される乱数の個数は**tune**引数で設定でき、デフォルトでは1000と設定されています。よってデフォルトの設定では、2000個の乱数が生成された後に最初の1000個が破棄され、1000個の乱数が生成されたようになります。

収束が悪いようであれば**draws**と**tune**の値を大きく設定してみましょう。リスト7.12では**draws**を2000、**tune**を1500に設定しています。

リスト7.12 **draws**引数と**tune**引数による乱数の生成個数の設定例

In
```
data = [1, 2, 3]

with pm.Model() as model_2:
    mu = pm.Normal('mu', mu=0, sigma=10)
    x = pm.Normal('x', mu=mu, sigma=1, observed=data)

    trace_2 = pm.sample(2000, tune=1500, chains=2,
                        random_seed=1)
```

Out

```
Auto-assigning NUTS sampler...
Initializing NUTS using jitter+adapt_diag...
Multiprocess sampling (2 chains in 4 jobs)
NUTS: [mu]

100.00% [7000/7000 00:10<00:00 Sampling 2 chains, ➡
0 divergences]

Sampling 2 chains for 1_500 tune and 2_000 draw ➡
iterations (3_000 + 4_000 draws total) took 51 seconds.
```

著者の環境では全部で7000個の乱数が生成されていることがわかります。チェーンは2つあるので、1チェーンあたりは3500個です。しかし最初の1500個は破棄されるので、1チェーンあたりの乱数は2000個になります。なお、チェーンの数は**pm.sample**関数の**chains**引数で指定できます。

リスト7.13のように生成された乱数は4000個であることが確認できます。

リスト7.13 乱数の生成個数の確認

In

```
trace_2['mu'].shape
```

Out

```
(4000,)
```

7-2-3 収束の判定

乱数が定常状態に収束しているのかを判断するため、必ずトレースプロットと要約統計量を確認するようにしましょう。リスト7.14のようにトレースプロットを表示させ、左側のカーネル密度推定の形状があまりデコボコしていないことを確認します。また、チェーンごとに形状が異なりすぎる場合も収束していないと判断できます。そのほか、収束していると右側のトレースは全体的に同じようにギザギザした形状になります。

リスト7.14 トレースプロット

In

```
pm.plot_trace(trace_2)
```

Out

```
array([[<AxesSubplot:title={'center':'mu'}>,
        <AxesSubplot:title={'center':'mu'}>]], ➡
dtype=object)
```

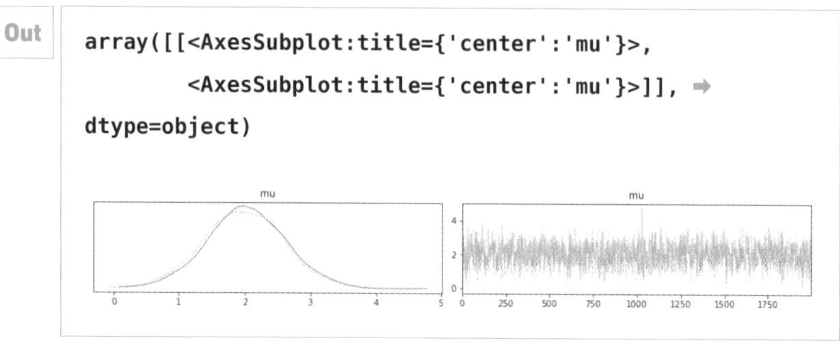

次に、リスト7.15を実行して要約統計量を表示させます。この結果の中にある**r_hat**は収束の判定に使用される$\hat{R}$と呼ばれる統計量を示しています。この指標は特定のチェーン内での乱数の分散と、すべてのチェーンの乱数の分散の比を取ったものです。チェーンごとに乱数の分布が大きく異なる場合、この比は大きくなります。$\hat{R}$は理想的には1であることが望ましく、1.1以下であれば収束していると判定されます。

リスト7.15 要約統計量

In

```
pm.summary(trace_2)
```

Out

	mean	sd	hdi_3%	hdi_97%	mcse_mean	mcse_sd	ess_bulk	ess_tail	r_hat
mu	2.013	0.592	0.923	3.169	0.015	0.01	1648.0	2397.0	1.0

また、$\hat{R}$は**pm.rhat**関数を用いて確認することもできます（リスト7.16）。

リスト7.16 **pm.rhat**関数の使用例

In

```
pm.rhat(trace_2)
```

Out

```
xarray.Dataset
--------------------------------------------------------------
► Dimensions:
► Coordinates: (0)
▼ Data variables:
    mu          () float64 1.001
► Attributes: (0)
```

そのほかに**pm.plot_forest**関数で**r_hat**引数を使うと$\hat{R}$の値がプロットされます（リスト7.17）。

リスト7.17 **pm.plot_forest**関数で$\hat{R}$の値を表示

In
```
pm.plot_forest(trace_2, r_hat=True)
```

Out
```
array([<AxesSubplot:title={'center':'94.0% HDI'}>,
       <AxesSubplot:title={'center':'r_hat'}>], ➡
dtype=object)
```


ここで、PythonパッケージのArviZから利用できる2つのモデルの分析結果を利用します。リスト7.18のように**az.load_arviz_data**関数を使ってサンプルデータを読み込みます。**centered_eight**の方はNUTSでの収束が良くないモデルの例として提供されています。

リスト7.18 サンプルデータの読み込み

In
```
import arviz as az


trace_c = az.load_arviz_data('centered_eight')
trace_nc = az.load_arviz_data('non_centered_eight')
```

収束を視覚的に確認するために**pm.plot_trace**関数で結果を確認します。これらのプロットを検査するときに何を見るべきかをよりよく理解するために、リスト7.19 と リスト7.20 の実行結果を比較してみてください。乱数がうまく生成されていない**trace_c**の結果を見ると、カーネル密度推定の形状に山が多く、トレースの形状も安定していません。

リスト7.19 **trace_c**のトレースプロット

In
```
pm.plot_trace(trace_c, var_names='mu')
```

Out
```
array([[<AxesSubplot:title={'center':'mu'}>,
        <AxesSubplot:title={'center':'mu'}>]], ➡
dtype=object)
```

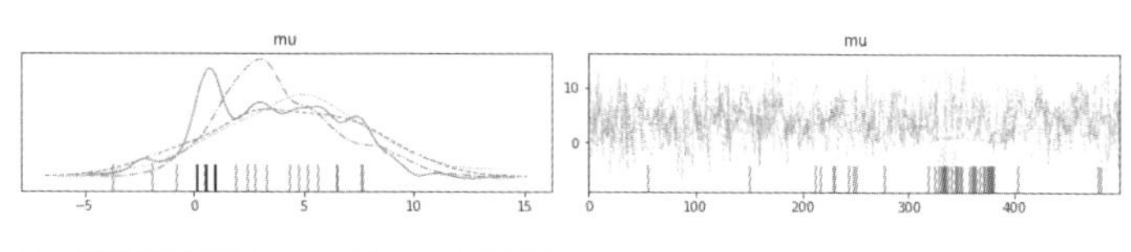

リスト7.20 **trace_nc**のトレースプロット

In
```
pm.plot_trace(trace_nc, var_names='mu')
```

Out
```
array([[<AxesSubplot:title={'center':'mu'}>,
        <AxesSubplot:title={'center':'mu'}>]], ➡
dtype=object)
```

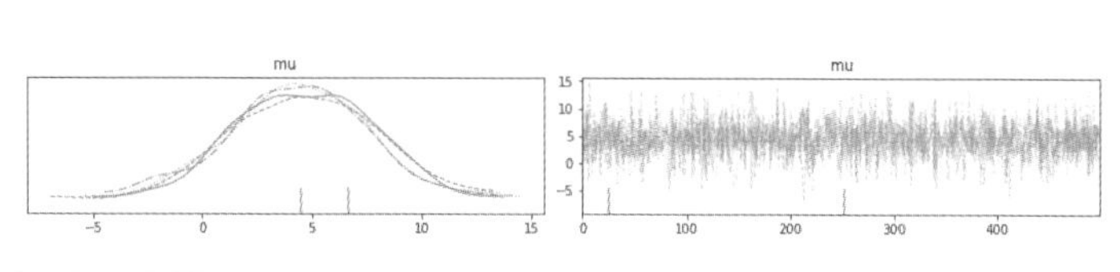

リスト7.21 のように要約統計量を確認すると、収束の良い**trace_nc**の方が**r_hat**の値も小さいです。ここで使用している**pd.concat**関数は2つのデータフレームを結合する関数です。

リスト7.21 2つの要約統計量の比較

In
```
import pandas as pd

summaries = pd.concat(
    [pm.summary(trace_c, var_names='mu'),
     pm.summary(trace_nc, var_names='mu')]
)
summaries.index = ['centered', 'non_centered']
summaries
```

Out

	mean	sd	hdi_3%	hdi_97%	mcse_mean	mcse_sd	ess_bulk	ess_tail	r_hat
centered	4.093	3.372	-2.118	10.403	0.215	0.152	250.0	643.0	1.03
non_centered	4.494	3.286	-2.187	10.201	0.068	0.053	2354.0	1401.0	1.00

7-2-4 自己相関

MCMC法は乱数を得るときに1つ前の時点の乱数を参照しています。そのため、前回の値と近い、あるいは同じ乱数が得られることがあり、その状況を乱数が自己相関を持つといいます。理想的には自己相関は0であることが望ましいです。

自己相関の可視化したグラフを**コレログラム**（correlogram）と呼びます。コレログラムは**pm.plot_autocorr**関数で作成できます。リスト7.22とリスト7.23は中心モデルと非中心モデルのコレログラムです。

リスト7.22 **trace_c**のコレログラム

In
```
pm.plot_autocorr(trace_c, var_names='mu', combined=True)
```

Out

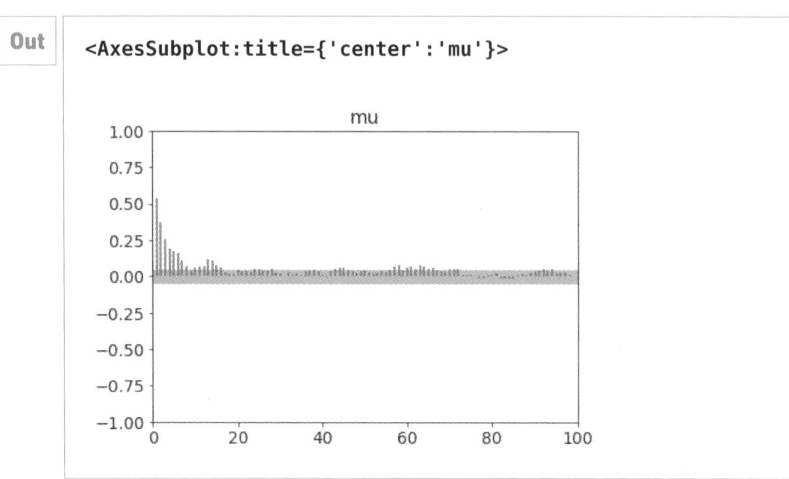

```
<AxesSubplot:title={'center':'mu'}>
```


リスト7.23 **trace_nc**のコレログラム

In

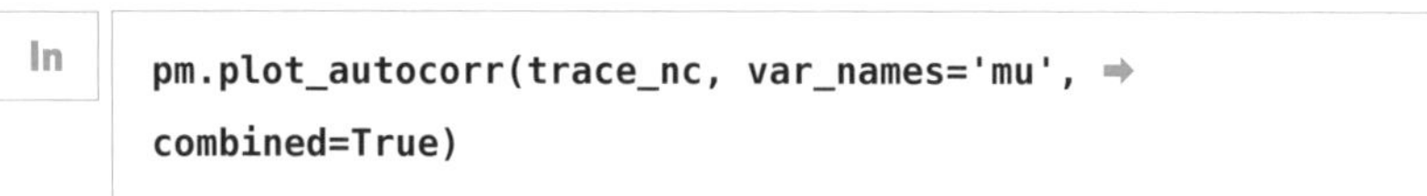

```
pm.plot_autocorr(trace_nc, var_names='mu', ➡
combined=True)
```

Out

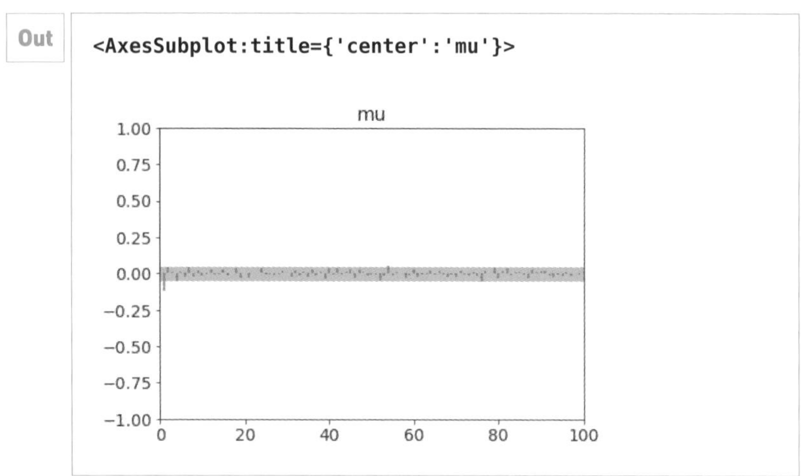

```
<AxesSubplot:title={'center':'mu'}>
```


コレログラムの縦軸は自己相関係数で横軸は次数です。例えば、左端の縦棒は各乱数について0個前の値と相関をとり、それらの平均値を計算したものです。自己相関の値が正であることは、前の乱数の値が大きければ次の乱数の値も大きくなる、ということを示しています。逆に負の自己相関を持つ場合には、前の乱数の値が大きければ次の乱数の値は小さくなります。先程の2つの図を比較すると、非中心モデルの標本は自己相関がほとんどないのに対し、中心モデルの標本は自己相関の値が大きいことがわかります。

自己相関が大きいことは独立した乱数が少ないことを意味し、サンプリングの効率が良くないことを示します。独立した乱数が少なければ事後分布の分散の推定精度が悪くなり、事後分布の平均値が持つ誤差についても正しく推定できなくなります。**有効サンプルサイズ**（effective sample size）と呼ばれる実際に生成した乱数の数を自己相関係数の総和で割ったような指標があり、これを確認することでサンプリング効率をチェックできます。

有効サンプルサイズは**pm.summary**関数で得られる要約統計量の**ess_bulk**や**ess_tail**で確認できます。**ess_bulk**が分布の大部分でのサンプリング効率を示し、分布の平均値など点推定値の精度に影響する指標です。一方の**ess_tail**は分布の両端でのサンプリング効率を示す指標であり、94%HDIの境界値などの精度に影響します。PyMC3は有効サンプルサイズが小さい場合に警告を出します。平均値や中央値の推定であれば有効サンプルサイズは1000もあれば十分なことが多いです。平均値などをかなり高い精度で推定したい場合や、94%HDIの境界値を精度良く推定したいときには、有効サンプルサイズをより大きくしていく必要があります。

サンプラーにNUTSを選ぶ利点は有効サンプルサイズにあります。NUTSはメトロポリスアルゴリズムに比べて有効標本サイズがはるかに大きくなります。そのため、一般的にはNUTSを使用する方が生成する乱数が少なくても精度良く推定値を得ることができます。

リスト7.24のように有効サンプルサイズは**pm.ess**関数を使うことでも確認できます。この関数では**method**引数で有効サンプルサイズの算出方法を選ぶこともできます。

リスト7.24 **pm.ess**関数の使用例

In

```
pm.ess(trace_c, var_names='mu')
```

Out

```
xarray.Dataset
----------------------------------------------------------
► Dimensions:
► Coordinates: (0)
▼ Data variables:
   mu         () float64 250.3
► Attributes: (0)
```

有効サンプルサイズは**pm.plot_forest**関数でも**ess**引数に**True**と指定することで確認することができます（リスト7.25）。

リスト7.25 **pm.plot_forest**関数で有効サンプルサイズを表示

In
```
pm.plot_forest(trace_c, var_names='mu', ess=True)
```

Out
```
array([<AxesSubplot:title={'center':'94.0% HDI'}>,
       <AxesSubplot:title={'center':'ess'}>], ➡
dtype=object)
```

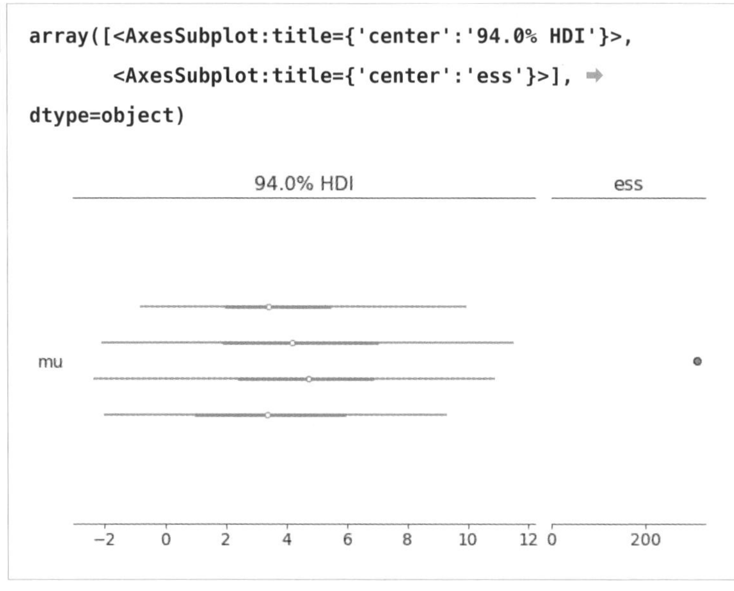

推定した平均値や分散の精度を示す指標が**モンテカルロ標準誤差**（Monte Carlo standard error）です。これは平均値や分散を標準サンプルサイズの平方根で割ったような指標であり、標準サンプルサイズが大きいほど小さくなっていきます。モンテカルロ標準誤差は**pm.summary**関数の要約統計量の中で**mcse_mean**と**mcse_sd**で示されています。また、リスト7.26のように**pm.mcse**関数を使うことで確認することができます。

リスト7.26 **pm.mcse**関数の使用例

In
```
pm.mcse(trace_c, var_names='mu')
```

Out

```
xarray.Dataset
----------------------------------------------------------
► Dimensions:
► Coordinates: (0)
▼ Data variables:
    mu          () float64 0.2148
► Attributes: (0)
```

第8章 線形モデルの回帰分析

ここからはベイズの定理の実践的な利用例を紹介していきます。科学、工学、ビジネスの世界で最も有用なモデルの1つが線形モデルです。本章では、単純な線形モデルを使ったパラメータ推定を通して回帰分析について解説します。線形モデルはそれ自体が非常に有用なモデルであるだけでなく、多くの複雑なモデルにおいてもその構成要素として登場する重要なモデルです。

8.1 線形回帰

本節では、線形モデルの回帰分析である線形回帰の概要を解説します。線形回帰には様々なアプローチがありますが、ここではstatsmodelsというライブラリを利用した方法とPyMC3による方法を紹介し、ベイズ統計の手法の利点についても説明します。

8-1-1 1次関数と回帰分析

回帰（regression）については最も広く使われている線形回帰を通して学習していきましょう。まずは1次関数について思い出してください。1次関数の式は次のように表されます。

$$f(x) = mx + b \quad \text{(式8.1)}$$

この関数fは、引数xに入力された値をm倍してからbを加えて出力する関数です。mとbは関数のパラメータです。出力の値を変数yとすれば、（式8.1）は次のようになります。

$$y = mx + b \quad \text{(式8.2)}$$

この式が表す変数xと変数yの関係は**線形**と呼ばれます。パラメータmはxの**係数**や**傾き**と呼ばれ、変数xの単位変化あたりの変数yの変化量と解釈されます。一方のパラメータbは$x = 0$のときのyの値であり、**切片**と呼ばれます。

1次関数の例として温度の単位である摂氏と華氏の関係を見てみましょう。摂氏と華氏で表した温度をそれぞれ変数Cと変数Fとすれば、次のような線形関係があります。

$$F = 1.8C + 32 \quad \text{(式8.3)}$$

この関係に$C = 10$と入力すれば、出力は$F = 1.8 \times 10 + 32 = 40$となります。つまり、摂氏10度は華氏で表せば40度だとわかります。このような入力値と出力値の対応が一意に決まる関数を**決定論的（deterministic）関数**や**決定論的モデル**と呼びます。

回帰分析は変数間の関係を推定するための統計的プロセスです。回帰分析の目的は、2つ以上の変数がどのように関連しているかを記述する統計モデルを特定することです。ベイズ統計における線形回帰は、未知の**モデルパラメータ**（傾きと切片）について事前分布を仮定し、観測データをもとにパラメータの事後分布を推定する問題として扱われます。

リスト8.1で作成される図を例として回帰分析について解説していきます。

リスト8.1 線形回帰の概念を説明するための図を作成

In
```
import matplotlib.pyplot as plt
import numpy as np

# データ点の配列
x = np.linspace(-1, 1, 10)
rng = np.random.default_rng(1)
err = rng.normal(0, 1, size=len(x))
y = 1 + 2 * x + err
# 1次関数の配列
x_true = np.linspace(-1, 1, 100)
y_true = 1 + 2 * x_true

fig, ax = plt.subplots(constrained_layout=True)

ax.plot(x, y, 'o',
        label=r'$y_i=¥beta_0+¥beta_1 x_i+¥epsilon_i$')
ax.plot(x_true, y_true, 'k--')

# 誤差をプロット
for i in range(len(x)):
    ax.plot((x[i], x[i]), (y[i], 1 + 2 * x[i]), 'r')

ax.set_xlabel(r'$x$')
ax.set_ylabel(r'$y$')
ax.legend()
ax.grid()
```

Out

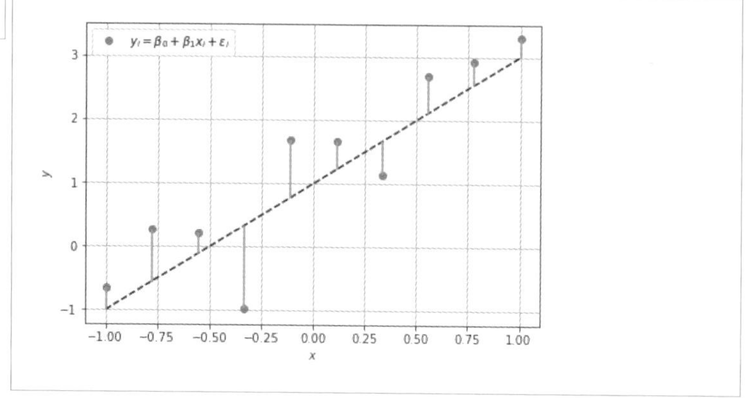

図の中にある10個の青い点は観測データをプロットしたものと思ってください。各点の座標は$(x_1, y_1), (x_2, y_2), \ldots$のように表せます。また、図の破線の直線は（式8.4）をプロットしたものです。

$$y = \beta_0 + \beta_1 x \quad \text{（式8.4）}$$

項の順番を並べ替えていますが、これは1次関数です。また、切片のパラメータをβ_0、傾きのパラメータをβ_1としています。ここでは$\beta_0 = 1$、$\beta_1 = 2$と設定しています。

各データ点には1次関数の直線との距離を示す垂直線を表示しています。この距離が**誤差**（ノイズ）であり、i番目のデータ点における誤差をϵ_iで表しています。この誤差の項を用いてデータ点の確率的関係を表現すると次のようになります。

$$y_i = \beta_0 + \beta_1 x_i + \epsilon_i \quad \text{（式8.5）}$$

つまり、ϵはxとの線形関係だけでは説明できないyの変動を説明する確率的な誤差項です。もし誤差項が存在しなければモデルは決定論的なものとなり、その場合にはxの値が決まれば自然とyの値も決まります。通常、誤差項のϵ_iは推定するしかありません。誤差項を強調するために（式8.5）の項を並べ替えると次のようになります。

$$\epsilon_i = y_i - (\beta_0 + \beta_1 x_i) \quad \text{（式8.6）}$$

結局のところ、回帰分析の目的はデータの中から決定論的な成分を見つけることです。いい換えれば、データの中からパターンとその原因を見つけることが回帰分析の目的です。そして、統計モデルの決定論的な成分が1次関数である回帰分析のことを**線形回帰**（linear regression）と呼びます。回帰分析の結果は、将来のデータの予測や意思決定に役立てられます。

線形回帰でモデルのパラメータを推定する方法はいくつかあります。その1つが**最小二乗法**を用いる方法です。これはすべての誤差項の二乗の総和$\sum \epsilon_i^2$が最小になるパラメータを推定します。これは最適化問題という問題としても知られ、**勾配法**と呼ばれる計算アルゴリズムなどが使われます。

ほかには機械学習による方法があります。データのパターンを自動的に学習させる手法の総称が**機械学習**です。統計学と機械学習にはとても深い結びつきがあります。また、回帰問題は教師あり学習という分類の一例になります。

8-1-2 statsmodelsを用いた線形回帰

それではPythonを使って線形回帰を行ってみましょう。まずはstatsmodelsライブラリを用いた最小二乗法による線形回帰を紹介します。次項では同じ問題に対してPyMC3を使った線形回帰を行い、MCMC法によるアプローチと最小二乗法によるアプローチの類似点と相違点を説明します。

まずは リスト8.2 を実行してstatsmodelsライブラリから必要なモジュールをインポートしておきます。

リスト8.2 statsmodelsからモジュールをインポート

In
```
import statsmodels.api as sm
import statsmodels.formula.api as smf
```

ここではサンプルデータとして**mtcars**というデータセットを読み込みます。リスト8.3 のように**get_rdataset**関数を使うことで、様々なデータセットを利用できます。この関数で利用できるデータセットは、R言語において統計学の学習のために提供されているものです。**mtcars**データセットには32台の車の重量、燃費（マイル/ガロン）、速度などのデータが含まれています。

リスト8.3 **mtcars**データセットを読み込む

In
```
data = sm.datasets.get_rdataset('mtcars').data
```

読み込んだデータはpandasのデータフレームとしてまとめられています（リスト8.4）。

リスト8.4 読み込んだデータの内容を確認

In

```
data.head()
```

Out

	mpg	cyl	disp	hp	drat	wt	qsec	vs	am	gear	carb
Mazda RX4	21.0	6	160.0	110	3.90	2.620	16.46	0	1	4	4
Mazda RX4 Wag	21.0	6	160.0	110	3.90	2.875	17.02	0	1	4	4
Datsun 710	22.8	4	108.0	93	3.85	2.320	18.61	1	1	4	1
Hornet 4 Drive	21.4	6	258.0	110	3.08	3.215	19.44	1	0	3	1
Hornet Sportabout	18.7	8	360.0	175	3.15	3.440	17.02	0	0	3	2

ここでは燃費（**mpg**）と重量（**wt**）の関係に興味があるとします。変数間のパターンを見つけるために、まずはデータをプロットして観察することから始めます。リスト8.5を実行すると散布図が作成されます。

リスト8.5 データを散布図で表示

In

```
fig, ax = plt.subplots(constrained_layout=True)

ax.scatter(data['wt'], data['mpg'])
ax.set_xlabel('wt')
ax.set_ylabel('mpg')
```

Out

```
Text(0, 0.5, 'mpg')
```

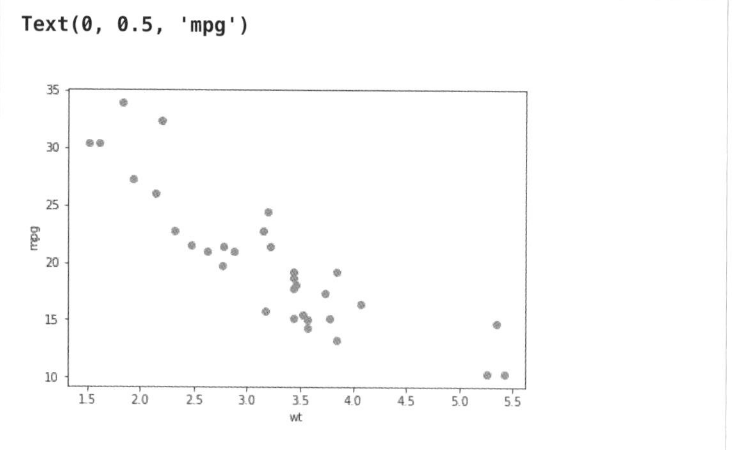

このような散布図のx軸の変数は**独立変数**、**説明変数**、**予測変数**などと呼ばれます。また、y軸上の変数は**従属変数**、**目的変数**、**応答変数**などと呼ばれ、説明

変数の変化に反応すると考えられる変数です。

この散布図を見るとデータが概ね直線上にあるので線形回帰モデルを適用できると考えます。statsmodelsライブラリの**ols**関数を使用し、最小二乗法でパラメータの点推定値を求めてみます。この関数には**y ~ x**のようにモデル式を指定します。モデル式とは統計モデルを簡潔な書式で表現したもので、statsmodelsではpatsyというライブラリを利用してモデル式を扱っています。リスト8.6では**wt**が説明変数で**mpg**が目的変数であることを表現しています。今回のようなモデルの説明変数が1つである回帰分析は**単回帰**(simple regression)と呼ばれます。

リスト8.6 **ols**関数を使用した線形回帰モデルの作成

In
```
model = smf.ols('mpg ~ wt', data=data)
```

作成したモデルオブジェクトの**fit**メソッドを呼び出すと最小二乗法によりパラメータの推定が行われます(リスト8.7)。

リスト8.7 パラメータ推定の実行

In
```
result = model.fit()
```

結果の要約は**summary**メソッドを呼び出すと表示されます(リスト8.8)。**Intercept**は切片で**wt**が傾きの推定値です。

リスト8.8 推定結果の要約を表示

In
```
result.summary()
```

Out

OLS Regression Results

Dep. Variable:	mpg	**R-squared:**	0.753
Model:	OLS	**Adj.R-squared:**	0.745
Method:	Least Squares	**F-statistic:**	91.38
Date:	Wed, 14 Apr 2021	**Prob (F-statistic):**	1.29e-10
Time:	08:25:07	**Log-Likelihood:**	-80.015
No. Observations:	32	**AIC:**	164.0
Df Residuals:	30	**BIC:**	167.0
Df Model:	1		
Covariance Type:	nonrobust		

```
             coef  std err        t  P>|t|  [0.025  0.975]
 Intercept  37.2851    1.878   19.858  0.000  33.450  41.120
        wt  -5.3445    0.559   -9.559  0.000  -6.486  -4.203

       Omnibus:  2.988     Durbin-Watson:  1.252
Prob(Omnibus):  0.225  Jarque-Bera (JB):  2.399
          Skew:  0.668          Prob(JB):  0.301
      Kurtosis:  2.877          Cond. No.   12.7


Notes:
[1] Standard Errors assume that the covariance matrix ⇒
of the errors is correctly specified.
```

また、**params**属性を参照すると推定されたパラメータの推定値を確認できます（リスト8.9）。

リスト8.9 パラメータの推定値を確認

In

```
result.params
```

Out

```
Intercept    37.285126
wt           -5.344472
dtype: float64
```

以上のように切片と傾きのパラメータを簡単に推定できました。一応パラメータの推定値によって描かれる直線も確認しておきましょう。結果のオブジェクトの**fittedvalues**属性を用いれば、リスト8.10のようにグラフを作成できます。このような回帰分析の結果である直線を**回帰直線**（regression line）と呼びます。

リスト8.10 回帰直線を描画

In

```
fig, ax = plt.subplots(constrained_layout=True)

ax.scatter(data['wt'], data['mpg'])
ax.plot(data.wt, result.fittedvalues, 'k')
ax.set_xlabel('wt')
ax.set_ylabel('mpg')
```

Out

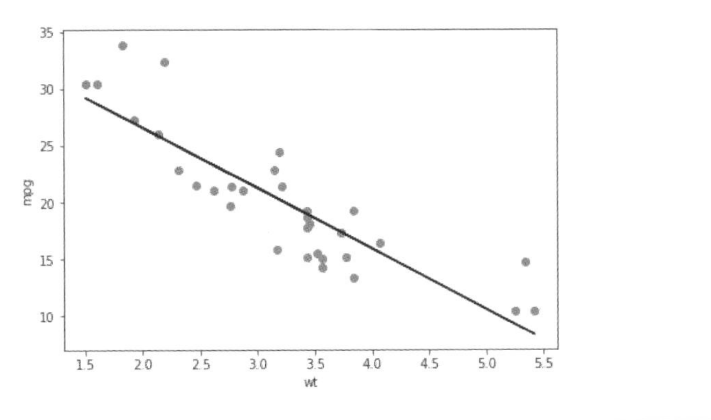

8-1-3 PyMC3による線形回帰

今度はPyMC3を用いて完全な統計モデルで線形回帰を行ってみましょう。**wt**と**mpg**のデータをx_iとy_iとし、次の関係が成り立つとします。

$$y_i = \beta_0 + \beta_1 x_i + \epsilon_i \qquad \text{(式8.7)}$$

しかし、この式は統計モデルとしては不完全です。ベイズ分析では未知のパラメータと観測データは、それぞれ何らかの事前分布に従う確率変数と考えます。例えば、i番目のデータ点y_iは**平均値**（期待値）$\mu_i = \beta_0 + \beta_1 x_i$と標準偏差$\epsilon$とする正規分布に従う確率変数とします。この線形回帰モデルは次のように表すことができます。

$$\begin{aligned} \mu_i &= \beta_0 + \beta_1 x_i \\ y_i &\sim \mathrm{Normal}(\mu_i, \epsilon) \end{aligned} \qquad \text{(式8.8)}$$

このモデルで推定すべき未知のパラメータはβ_0、β_1、ϵの3つとなります。そして、これらのパラメータについても事前分布を設定しなければなりません。事前分布の選択は重要ですが、データが多い場合には事後分布の推定にあまり影響しない無情報事前分布を使用すれば十分なことが多いです。データを確認すれば傾きの符号くらいは予想することができるので、それを反映した事前分布を設定するのも良い考えです。

ϵは正でなければならないことがわかっているので、**ガンマ分布**、**一様分布**、**半**

正規分布（half-normal distribution）、半コーシー分布（half-Cauchy distribution）などが事前分布として設定されます。今回は半正規分布を採用します。半正規分布はリスト8.11のように確率変数xの定義域が正の実数である正規分布です。

リスト8.11 半正規分布におけるパラメータσの影響

In

```
from scipy import stats

x = np.linspace(0, 5, 200)
sigmas = [0.5, 1, 2]
ls = ['-', ':', '--']

fig, ax = plt.subplots(constrained_layout=True)

for sigma, l in zip(sigmas, ls):
    pdf = stats.halfnorm.pdf(x, scale=sigma)
    ax.plot(x, pdf, l, label=rf'$¥sigma$ = {sigma}')

ax.set_xlabel(r'$x$')
ax.set_ylabel(r'$f(x)$')
ax.legend()
```

Out

```
<matplotlib.legend.Legend at 0x1d52295f940>
```

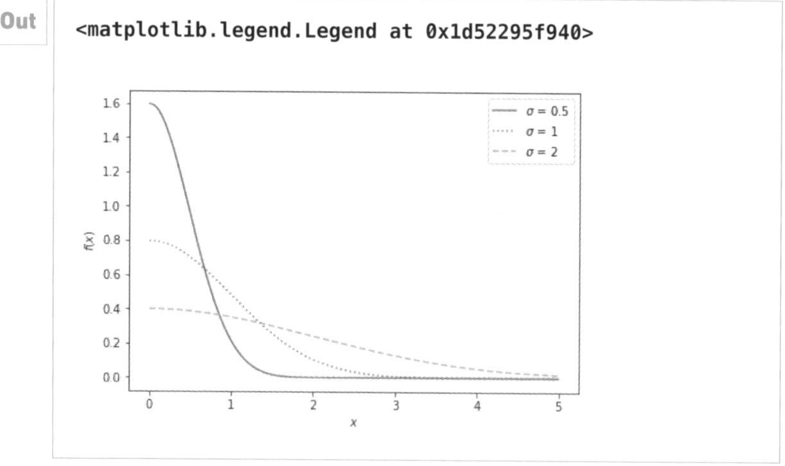

これでベイズ分析を始める準備ができました。パラメータが複数あった場合で

もPyMC3でのモデルの定義は難しくありません。PyMC3を使えばユーザーは難しい計算部分のことは考えず、モデルの定義と結果の検証に集中できます。それではPyMC3を使ってモデルを構築していくので、リスト8.12を実行してPyMC3をインポートしておきます。

リスト8.12 PyMC3のインポート

In
```
import pymc3 as pm
import warnings
warnings.simplefilter('ignore', FutureWarning)
```

リスト8.13の2行目から4行目のように、まず最初にβ_0などの確率変数を定義します。これらには無情報事前分布として分散が大きい正規分布などを設定しています。また、最後の行の尤度を計算するための確率変数には**observed**引数を用いて観測データを指定します。この部分は以前から説明していたモデルの定義方法と変わりません。少し違う部分はμを決定論的変数のオブジェクトとしてモデルの中で定義していることです。**pm.Deterministic**関数を使用して決定論的変数を定義すると、その変数の値もトレースオブジェクトに保存されるようになります。なお、決定論的変数の値は事後分布のサンプリングの後から求めることもできるので、**pm.Deterministic**関数の使用が必須というわけではありません。

リスト8.13 線形回帰モデルの定義方法

In
```
with pm.Model() as model:
    beta_0 = pm.Normal('beta_0', mu=0, sigma=100)
    beta_1 = pm.Normal('beta_1', mu=0, sigma=100)
    epsilon = pm.HalfNormal('epsilon', sigma=5)

    mu = pm.Deterministic('mu',
                          beta_0 + beta_1 * data['wt'])
    # mu の値をトレースに保存する必要がなければ以下のように書く
    # mu = beta_0 + beta_1 * data['wt']

    pm.Normal('y', mu=mu, sigma=epsilon,
              observed=data['mpg'])
```

定義したモデルの数式表現はリスト8.14のようになります。

リスト8.14 モデルの数式表現を確認

In
```
model
```

Out

$$
\begin{aligned}
\text{beta\_0} &\sim \text{Normal}\\
\text{beta\_1} &\sim \text{Normal}\\
\text{epsilon\_log\_\_} &\sim \text{TransformedDistribution}\\
\text{epsilon} &\sim \text{HalfNormal}\\
\text{mu} &\sim \text{Deterministic}\\
\text{y} &\sim \text{Normal}
\end{aligned}
$$

リスト8.15とリスト8.16のようにモデルに定義された確率変数が確認できます。

リスト8.15 観測データが設定されていない確率変数

In
```
model.free_RVs
```

Out
```
[beta_0 ~ Normal, beta_1 ~ Normal, epsilon_log__ ~ ➡
TransformedDistribution]
```

リスト8.16 観測データが設定されている確率変数

In
```
model.observed_RVs
```

Out
```
[y ~ Normal]
```

そのほかにも変数がある場合は**deterministics**属性で確認できます（リスト8.17）。ここでは**pm.Deterministic**関数で定義された**mu**があることがわかります。また、対数変換される前の確率変数も表示されるので**epsilon**も並んでいます。

リスト8.17 **deterministics**属性の確認

In
```
model.deterministics
```

Out

```
[epsilon ~ HalfNormal, mu ~ Deterministic]
```

それでは リスト8.18 を実行してパラメータの事後分布をサンプリングしましょう。

リスト8.18 事後分布をサンプリング

In

```
with model:
    trace = pm.sample(random_seed=0)
```

Out

```
Auto-assigning NUTS sampler...
Initializing NUTS using jitter+adapt_diag...
Multiprocess sampling (4 chains in 4 jobs)
NUTS: [epsilon, beta_1, beta_0]

 100.00% [8000/8000 00:16<00:00 Sampling 4 chains, ➡
9 divergences]

Sampling 4 chains for 1_000 tune and 1_000 draw ➡
iterations (4_000 + 4_000 draws total) took 75 seconds.
There were 9 divergences after tuning. Increase ➡
`target_accept` or reparameterize.
The number of effective samples is smaller than 25% ➡
for some parameters.
```

リスト8.19 では **pm.plot_trace** 関数を用いて結果を可視化しています。プロットする確率変数を選択するには **var_names** 引数を使用します。決定論的変数である **mu** の結果も表示されると見辛いので、ここでは **mu** を表示させないようにしています。

リスト8.19 トレースプロットを表示

In

```
names = ['beta_0', 'beta_1', 'epsilon']
# names = '~mu' と指定することもできる

pm.plot_trace(trace, var_names=names)
```

Out

```
array([[<AxesSubplot:title={'center':'beta_0'}>,
        <AxesSubplot:title={'center':'beta_0'}>],
       [<AxesSubplot:title={'center':'beta_1'}>,
        <AxesSubplot:title={'center':'beta_1'}>],
       [<AxesSubplot:title={'center':'epsilon'}>,
        <AxesSubplot:title={'center':'epsilon'}>]], ➡
dtype=object)
```

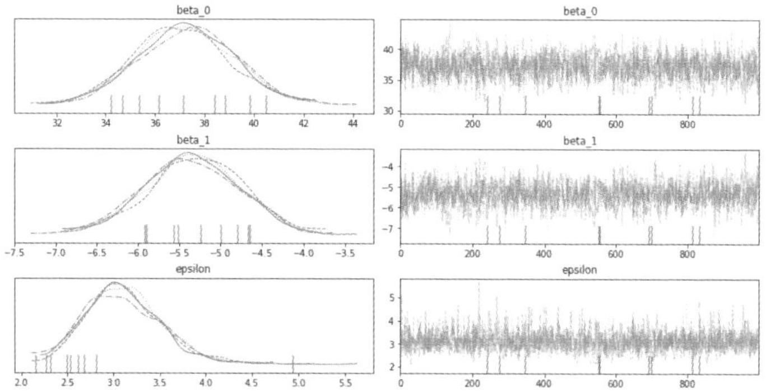

リスト8.20で要約統計量も見てみましょう。切片である**beta_0**と傾きである**beta_1**の平均値が最小二乗法で求めたリスト8.9の結果と近いことが確認できます。

リスト8.20 要約統計量の確認

In

```
pm.summary(trace, var_names=names)
```

Out

	mean	sd	hdi_3%	hdi_97%	mcse_mean	mcse_sd	ess_bulk	ess_tail	r_hat
beta_0	37.227	1.902	33.643	40.735	0.059	0.042	1043.0	1459.0	1.00
beta_1	-5.333	0.565	-6.368	-4.275	0.018	0.013	1020.0	1326.0	1.00
epsilon	3.121	0.428	2.409	3.968	0.013	0.009	943.0	460.0	1.01

ここで、リスト8.21を実行してパラメータの自己相関も確認してみます。作成されるコレログラムを見ると自己相関が高いことがわかります。

リスト8.21 自己相関の確認

In

```
pm.plot_autocorr(trace, var_names=names, combined=True)
```

Out

```
array([<AxesSubplot:title={'center':'beta_0'}>,
       <AxesSubplot:title={'center':'beta_1'}>,
       <AxesSubplot:title={'center':'epsilon'}>], ➡
dtype=object)
```

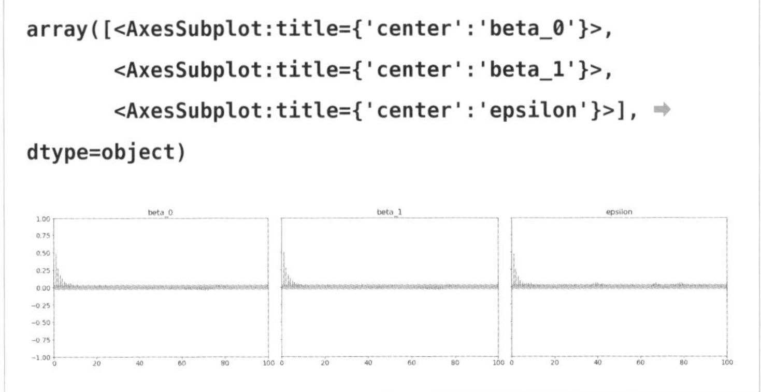

線形回帰ではしばしば自己相関が高くなることがあります。データセットに直線を当てはめようとしたとき、直線は説明変数xと目的変数yの平均値付近を通ります。直線の傾きが変化すると、その平均値付近を中心に直線が回転することになるので切片も変化します。このようなパラメータの間に相関がある場合は自己相関が高くなりがちです。

リスト8.22のような簡単な工夫を行うことで自己相関を小さくできる場合があります。

リスト8.22 データの中心化

In

```
data['wt_c'] = data['wt'] - data['wt'].mean()
```

これは説明変数となるデータ列からその平均値を引くことで、平均値分を0にした説明変数のデータ列を作成しています。これを**データの中心化**（centering）といい、このデータ列を使うことで、当てはめる直線の傾きが変化した場合にも切片への影響は小さくなります。

リスト8.23では中心化したデータを用いるようにモデルの定義を変更しています。

リスト8.23 中心化したデータを用いたモデル

In

```
with pm.Model() as model_c:
    beta_0 = pm.Normal('beta_0', mu=0, sigma=100)
    beta_1 = pm.Normal('beta_1', mu=0, sigma=100)
    epsilon = pm.HalfNormal('epsilon', sigma=5)

    mu = pm.Deterministic('mu',
```

```
                                beta_0 + beta_1 * data['wt_c'])

    pm.Normal('mpg', mu=mu, sigma=epsilon,
              observed=data['mpg'])

    trace_c = pm.sample(random_seed=0)
```

Out

```
Auto-assigning NUTS sampler...
Initializing NUTS using jitter+adapt_diag...
Multiprocess sampling (4 chains in 4 jobs)
NUTS: [epsilon, beta_1, beta_0]

100.00% [8000/8000 00:16<00:00 Sampling 4 chains, ➡
0 divergences]

Sampling 4 chains for 1_000 tune and 1_000 draw ➡
iterations (4_000 + 4_000 draws total) took 78 seconds.
```

リスト8.24のコレログラムが示すように、この方法では自己相関が小さくなったことがわかります。

リスト8.24 自己相関の確認

In

```
pm.plot_autocorr(trace_c, var_names=names,
                 combined=True)
```

Out

```
array([<AxesSubplot:title={'center':'beta_0'}>,
       <AxesSubplot:title={'center':'beta_1'}>,
       <AxesSubplot:title={'center':'epsilon'}>], ➡
dtype=object)
```

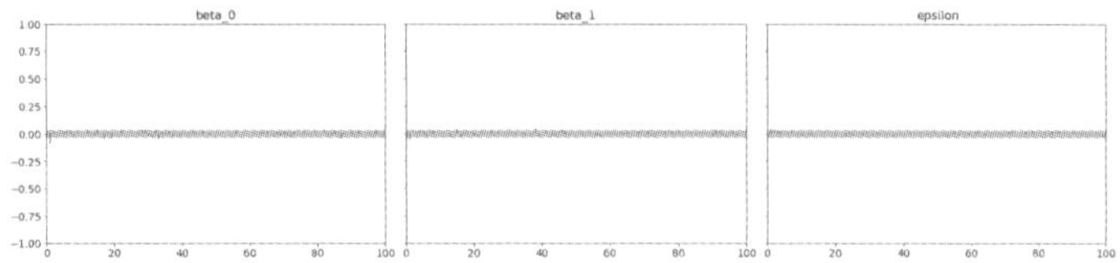

リスト8.25 と リスト8.26 でトレースプロットと要約統計量も見てみましょう。有効サンプルサイズが増えて切片である**beta_0**の標準偏差も小さくなっているので、推定の精度が上がっています。ただし、この推定値は中心化したデータで求めたものなので、**beta_0**の平均値は以前の値と大きく異なるので注意してください。

リスト8.25 トレースプロットを表示

In
```
pm.plot_trace(trace_c, var_names=names)
```

Out
```
array([[<AxesSubplot:title={'center':'beta_0'}>,
        <AxesSubplot:title={'center':'beta_0'}>],
       [<AxesSubplot:title={'center':'beta_1'}>,
        <AxesSubplot:title={'center':'beta_1'}>],
       [<AxesSubplot:title={'center':'epsilon'}>,
        <AxesSubplot:title={'center':'epsilon'}>]], ➡
dtype=object)
```

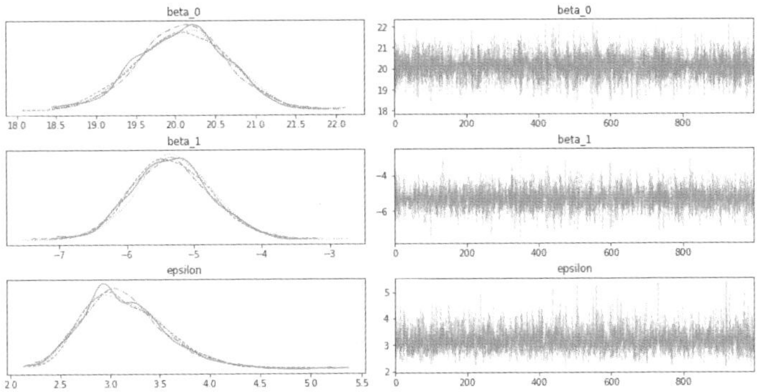

リスト8.26 要約統計量の確認

In
```
pm.summary(trace_c, var_names=names)
```

Out

	mean	sd	hdi_3%	hdi_97%	mcse_mean	mcse_sd	ess_bulk	ess_tail	r_hat
beta_0	20.088	0.569	19.039	21.166	0.008	0.006	4752.0	2951.0	1.0
beta_1	-5.328	0.580	-6.338	-4.183	0.009	0.006	4119.0	2557.0	1.0
epsilon	3.153	0.427	2.382	3.930	0.008	0.005	3254.0	2397.0	1.0

もとの尺度におけるβ_0の平均値を知りたい場合には、リスト8.27のようにしてもとの尺度に戻すことができます。

リスト8.27 β_0の推定値

In
```
beta_0 = trace_c['beta_0'] - trace_c['beta_1'] * ⇒
data['wt'].mean()
beta_0.mean()
```

Out
```
37.22889933860273
```

それでは回帰直線を表示することで、推定結果がどの程度データを予測できているのかを可視化してみましょう。この例での回帰直線は決定論的変数として定義した**mu**の配列から描くことができます。リスト8.28ではトレースオブジェクトから参照できる**mu**の配列の形状を示しています。この例ではデータ点が32個あり、その各点における**mu**の予測値として4000個の乱数が得られています。

リスト8.28 生成された乱数の配列の形状

In
```
trace_c['mu'].shape
```

Out
```
(4000, 32)
```

リスト8.29を実行するとデータの散布図と回帰直線が表示されます。生成した乱数の数である4000個もの回帰直線が描けますが、図の濃い直線は**mu**の点推定値である平均値で描いた直線です。ほかにも何本かの回帰直線を表示させることで、推定値の不確かさを示すことができます。線の広がりが大きいと推定値の不確かさが大きいことになります。

リスト8.29 回帰直線とその不確かさを図示

In
```
fig, ax = plt.subplots(constrained_layout=True)

ax.scatter(data['wt'], data.mpg, label='data')
ax.plot(data['wt'], trace_c['mu'].mean(axis=0),
        'k', label='mean')
```

```
for i in range(0, len(trace_c['mu']), 20):
    ax.plot(data['wt'], trace_c['mu'][i, :],
            'gray', alpha=0.05)

ax.set_xlabel('wt')
ax.set_ylabel('mpg')
ax.legend()
```

```
<matplotlib.legend.Legend at 0x1d528b15220>
```

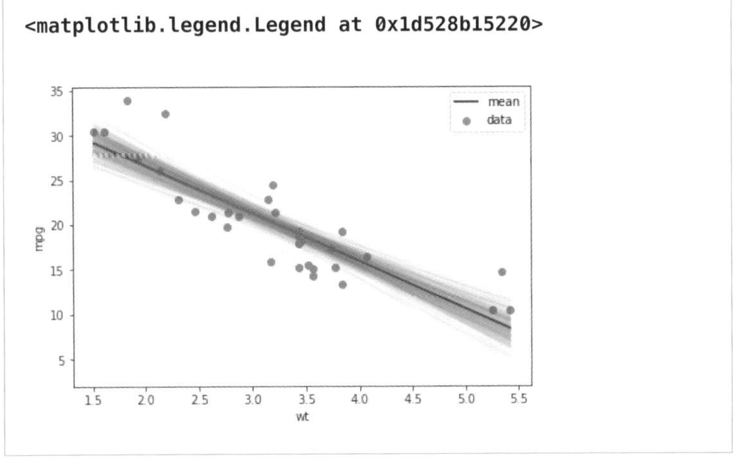

推定結果のトレースプロットや要約統計量を見ても、パラメータの値が何を意味しているのかは直感的にはわかりにくいものです。PyMC3を用いたベイズ推定の利点はモデルを検証する方法として事後予測チェックができることです。これは推定したパラメータを使ってモデルに従うデータの乱数を生成し、それが観測データとどの程度一致するかを確認するというものです。この事後予測の分布と実際のデータを比較することは、モデルが適切であるかの評価をする意味でとても大切です。PyMC3では**sample_posterior_predictive**関数を使用することで、事後予測の乱数を取得できます。なお、この関数を利用する際にはリスト8.30のようにモデルとトレースのオブジェクトを指定する必要があります。

リスト8.30 事後予測の乱数を生成

In

```
with model_c:
    pp = pm.sample_posterior_predictive(trace_c)
```

Out

```
100.00% [4000/4000 00:04<00:00]
```

生成した事後予測の配列の形状はリスト8.31のようになっています。

リスト8.31 事後予測の配列の形状

In

```
pp['mpg'].shape
```

Out

```
(4000, 32)
```

リスト8.32ではデータの散布図に予測分布のHDIを重ねて表示させています。**pm.plot_hdi**関数は引数に指定された配列のHDIを帯状のグラフで表示します。グラフの色は**fill_kwargs**関数に辞書の形式で指定することができます。ここでは50%HDIと94%HDIを表示しています。データが94%HDIから多くはみ出している場合は、あまり良いモデルではないと考えられます。

リスト8.32 回帰直線のHDIを表示

In

```
fig, ax = plt.subplots(constrained_layout=True)

ax.scatter(data['wt'], data['mpg'], label='data')
ax.plot(data['wt'], trace_c['mu'].mean(axis=0),
        'k', label='mean')

pm.plot_hdi(data['wt'], pp['mpg'], ax=ax,
            fill_kwargs={'color': 'gray',
                         'label': r'$94¥%$ HDI'})
pm.plot_hdi(data['wt'], pp['mpg'], hdi_prob=0.5, ax=ax,
            fill_kwargs={'color': 'gray',
                         'alpha': 0.8,
                         'label': r'$50¥%$ HDI'})

ax.set_xlabel('wt')
ax.set_ylabel('mpg')
ax.legend()
```

Out

```
<matplotlib.legend.Legend at 0x1d5260b53d0>
```

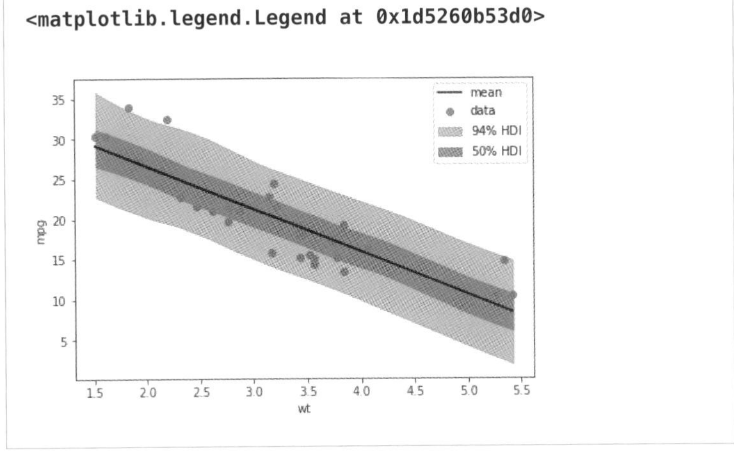

最小二乗法とMCMC法による線形回帰を見てきましたが、点推定で平均値だけ求めたい場合には最小二乗法は計算量も少なく便利です。しかし、MCMC法による線形回帰では、事後分布の乱数が得られるので、平均値以外の統計量を計算するのが簡単です。また、MCMC法による確率論的な手法では推定結果の不確かさについても考えることができます。そのほか、追加のデータが得られたときの推定値の更新が容易であったりと、モデルの構築の柔軟性が高いこともMCMC法による手法の利点です。

8.2 ロバスト線形回帰

線形回帰でしばしば利用される正規分布ですが、データが正規分布に従うと仮定するのが常に合理的であるわけではありません。その例の1つとして、外れ値がある場合にスチューデントのt分布を使用する線形回帰を紹介します。

8-2-1 スチューデントのt分布

まずは リスト8.33 を実行して本項で使用するデータセットを作成します。

リスト8.33 外れ値のあるデータセットの作成

In

```
import numpy as np

n = 30
x = np.linspace(-5, 5, n)

beta0_true = 2
beta1_true = 0.5
rng = np.random.default_rng(1)
err = rng.normal(0, 0.5, size=n)

y = beta0_true + beta1_true * x + err
y[-2] = 8
y[-4] = 10

data = {'x': x, 'y': y}
```

作成したデータの散布図を見てみましょう（リスト8.34）。この図を見てわかるように、データ点は概ね直線的に並んでいますが、2点が平均から大きく離れた位置にあります。

リスト8.34 データを散布図で表示

In

```
import matplotlib.pyplot as plt

fig, ax = plt.subplots(constrained_layout=True)

ax.scatter(data['x'], data['y'])
ax.set_xlabel(r'$x$')
ax.set_ylabel(r'$y$')
```

```
Text(0, 0.5, '$y$')
```

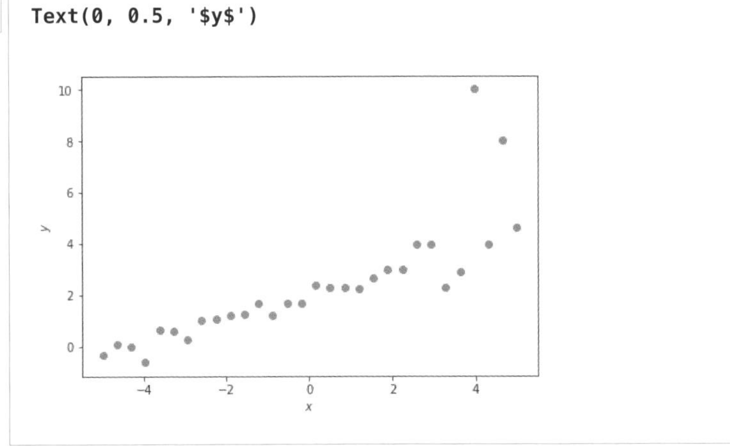

平均から大きく外れているデータ点がある場合、箱ひげ図を作成してみましょう。リスト8.35のようにMatplotlibの**boxplot**メソッドを用いて箱ひげ図を作成することができます。この作図メソッドは自動的に外れ値を判定し、それを図に白丸の点で表示してくれます。箱ひげ図は四分位の範囲を箱で表しています。四分位はデータを大きさの順で並べたときに下から25%と75%の位置を示しています。また、箱ひげ図ではデータの最小値と最大値をひげの長さで表します。ただし、ある値を含めるとひげが箱の大きさの1.5倍以上になるとき、その値は外れ値として除外されます。このような判定基準以外にも、データの標準偏差の2倍を超える値のことを外れ値とする基準などがあります。

リスト8.35 データの箱ひげ図

```
fig, ax = plt.subplots(constrained_layout=True)


ax.boxplot(data['y'])
```

```
{'whiskers': [<matplotlib.lines.Line2D at ➡
0x1d5365e8160>,
  <matplotlib.lines.Line2D at 0x1d5365e8430>],
 'caps': [<matplotlib.lines.Line2D at 0x1d536611400>,
  <matplotlib.lines.Line2D at 0x1d536611610>],
 'boxes': [<matplotlib.lines.Line2D at 0x1d5365e8340>],
```

```
 'medians': [<matplotlib.lines.Line2D at ⇒
0x1d536611880>],
 'fliers': [<matplotlib.lines.Line2D at 0x1d536611220>],
 'means': []}
```

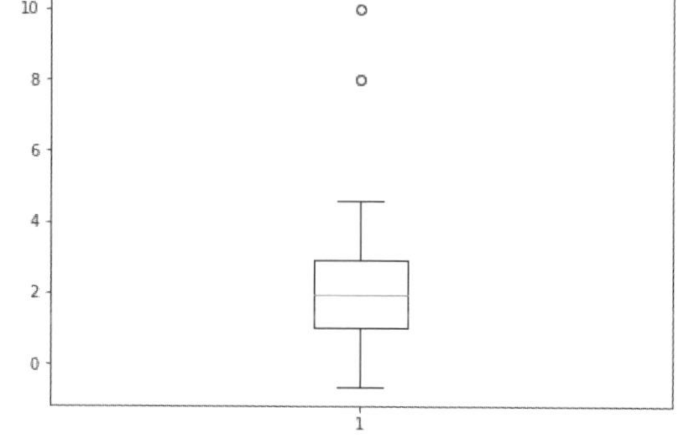

外れ値があるときの線形回帰でしばしば用いられるのが**スチューデントのt分布**（Student's t-distribution）です。t分布の確率密度関数は（式8.9）で表されます。

$$f(x \mid \mu, \lambda, \nu) = \frac{\Gamma(\frac{\nu+1}{2})}{\Gamma(\frac{\nu}{2})} \left(\frac{\lambda}{\pi\nu}\right)^{\frac{1}{2}} \left[1 + \frac{\lambda(x-\mu)^2}{\nu}\right]^{-\frac{\nu+1}{2}} \quad \text{（式8.9）}$$

t分布にはパラメータが3つあり、その中で特徴的なものが自由度νです。リスト8.36を実行し、νがt分布の形状に与える影響を見てみましょう。

リスト8.36 スチューデントのt分布におけるパラメータνの影響

In

```
from scipy import stats

x = np.linspace(-8, 8, 200)
mu = 0
sigma = 1
nus = [1, 3, 30]
ls = ['-', ':', '--']

fig, ax = plt.subplots(constrained_layout=True)
```

8

線形モデルの回帰分析

```
for nu, l in zip(nus, ls):
    pdf = stats.t.pdf(x, nu, loc=mu, scale=sigma)
    ax.plot(x, pdf, l, label=rf'$¥nu$ = {nu}')

ax.set_xlabel(r'$x$')
ax.set_ylabel(r'$f(x)$')
ax.legend()
```

Out

```
<matplotlib.legend.Legend at 0x1d5289857f0>
```

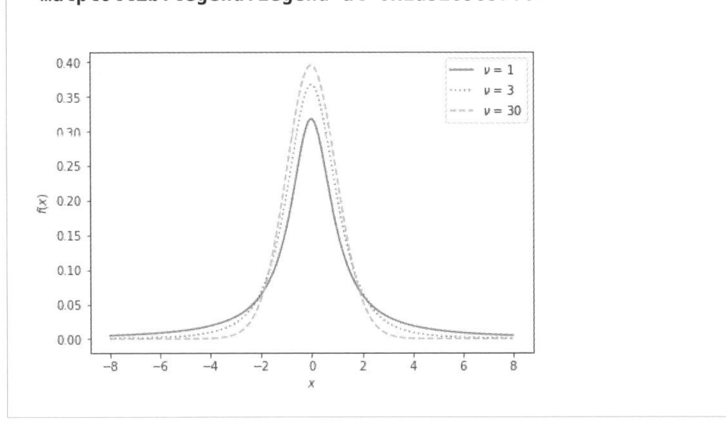

t分布は正規分布に似た形状をしています。自由度νが大きくなると頂点の位置が高くなり、左右に広がる裾が薄くなっていきます。そしてνが大きくなるにつれ、形状は正規分布に近くなっていきます。特にνが30以上のt分布は標準正規分布と同じとみなして問題ないとされています。

t分布のμとσは位置パラメータと尺度パラメータです。これらは正規分布のものと似ていますが、厳密には異なります。t分布ではνの値によって分布の平均値と分散が定義できなくなります。νが大きくなるほどσは標準偏差に近づいていきます。

8-2-2 ロバスト線形回帰

まずは外れ値のあるデータを対象として、（式8.8）で表した線形回帰の統計モデルでパラメータを推定してみましょう（リスト8.37）。

リスト8.37 正規分布を用いた線形回帰モデルにおけるサンプリング

In

```
import pymc3 as pm
import warnings
warnings.simplefilter('ignore', FutureWarning)

with pm.Model() as model:
    beta0 = pm.Normal('beta0', mu=0, sigma=100)
    beta1 = pm.Normal('beta1', mu=0, sigma=100)
    epsilon = pm.HalfNormal('epsilon', sigma=5)

    mu = pm.Deterministic('mu',
                          beta0 + beta1 * data['x'])

    pm.Normal('y', mu=mu, sigma=epsilon,
              observed=data['y'])

    trace = pm.sample(random_seed=1)
```

Out

```
Auto-assigning NUTS sampler...
Initializing NUTS using jitter+adapt_diag...
Multiprocess sampling (4 chains in 4 jobs)
NUTS: [epsilon, beta1, beta0]

100.00% [8000/8000 00:15<00:00 Sampling 4 chains, ➡
0 divergences]

Sampling 4 chains for 1_000 tune and 1_000 draw ➡
iterations (4_000 + 4_000 draws total) took 75 seconds.
```

リスト8.38の図はこの推定結果の回帰直線を示しています。また、例題のデータセットを作成する際に使用した1次関数の直線を破線で表しています。回帰直線は外れ値に影響されて傾きが大きく推定されていることがわかります。

リスト8.38 回帰直線と理論的な1次関数の直線の比較

In

```
fig, ax = plt.subplots(constrained_layout=True)

ax.scatter(data['x'], data['y'])
ax.plot(data['x'],
        trace['mu'].mean(axis=0),
        'gray',
        label=f"y = {trace['beta0'].mean():.2f} + ➡
{trace['beta1'].mean():.2f} * x")
ax.plot(data['x'],
        beta0_true + beta1_true * data['x'],
        'k--',
        label=f'y = {beta0_true:.2f} + ➡
{beta1_true:.2f} * x')

ax.set_xlabel(r'$x$')
ax.set_ylabel(r'$y$')
ax.legend()
```

Out

```
<matplotlib.legend.Legend at 0x1d5284c61f0>
```

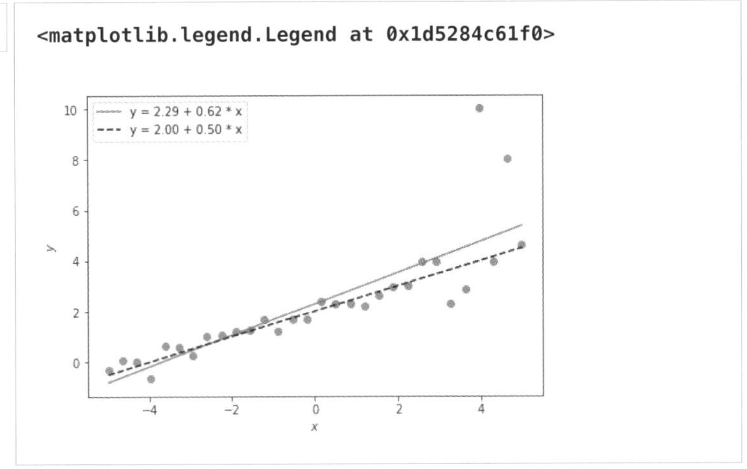

外れ値の影響を除きたい場合、外れ値が確実に測定器の故障や測定のミスなどで生じたという確信があれば、その値をデータから除外してしまうこともあります。しかし、通常はデータを操作するよりも統計モデルを変更して対応するのが

望ましいです。モデルの変更はとても簡単で、データは正規分布ではなくt分布に従うと置き換えます。つまり統計モデルは（式8.10）のようになります。

$$
\begin{aligned}
\mu_i &= \beta_0 + \beta_1 x_i \\
y_i &\sim \mathrm{t}(\mu_i, \epsilon, \nu)
\end{aligned}
\qquad \text{(式8.10)}
$$

今度はνにも事前分布を設定する必要があります。νの事前分布としてよく使われるのが**指数分布**（exponential distribution）や**ガンマ分布**です。ここでは指数分布を使用します。指数分布も半正規分布と同じく確率変数の定義域が正の実数である確率分布で、その確率密度関数は（式8.11）で表されます。

$$
f(x \mid \lambda) = \lambda e^{-\lambda x} \qquad \text{(式8.11)}
$$

指数分布はリスト8.39のようにパラメータλが小さくなると分布が平坦になっていきます。

リスト8.39 指数分布におけるパラメータλの影響

In

```
from scipy import stats

x = np.linspace(0, 5, 200)
lams = [0.5, 1, 2]
ls = ['-', ':', '--']

fig, ax = plt.subplots(constrained_layout=True)

for lam, l in zip(lams, ls):
    pdf = stats.expon.pdf(x, scale=1/lam)
    ax.plot(x, pdf, l, label=rf'$¥lambda$ = {lam}')

ax.set_xlabel(r'$x$')
ax.set_ylabel(r'$f(x)$')
ax.legend()
```

Out

```
<matplotlib.legend.Legend at 0x1d528b49e80>
```

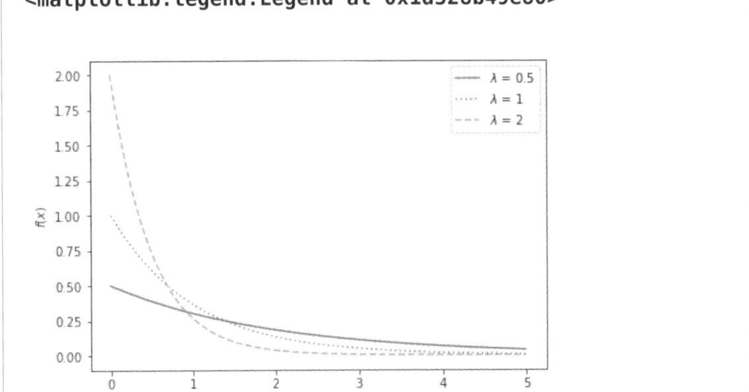

PyMC3でのモデルの定義方法は変わりません。リスト8.40のように確率変数**nu**を追加し、データがt分布に従うと設定します。**nu**についても事前分布を設定しますが、これも曖昧な事前分布なので一意的に決まるものではありません。ここでは**nu**の指数分布のパラメータλを$1/30$としました。指数分布の平均値は$1/\lambda = 30$となるので、t分布の自由度**nu**は平均値が30の指数分布に従うという意味になります。

リスト8.40 t分布を用いた線形回帰モデルにおけるサンプリング

In

```
with pm.Model() as model_t:
    beta0 = pm.Normal('beta0', mu=0, sigma=100)
    beta1 = pm.Normal('beta1', mu=0, sigma=100)
    nu = pm.Exponential('nu', 1/30)
    sigma = pm.HalfNormal('sigma', 5)

    mu = pm.Deterministic('mu',
                          beta0 + beta1 * data['x'])

    pm.StudentT('y', mu=mu, sigma=sigma, nu=nu,
                observed=data['y'])

    trace_t = pm.sample(random_seed=1)
```

Out

```
Auto-assigning NUTS sampler...
Initializing NUTS using jitter+adapt_diag...
Multiprocess sampling (4 chains in 4 jobs)
NUTS: [sigma, nu, beta1, beta0]

100.00% [8000/8000 00:18<00:00 Sampling 4 chains, ➡
0 divergences]

Sampling 4 chains for 1_000 tune and 1_000 draw ➡
iterations (4_000 + 4_000 draws total) took 80 seconds.
```

推定結果の要約統計量を見てみましょう（リスト8.41）。$\hat{R}$も1なので収束に問題はないようです。νの平均値は1.357程度であり、この値であればt分布は正規分布よりも裾が厚い分布になります。

リスト8.41 要約統計量の確認

In

```
pm.summary(trace_t, var_names='~mu')
```

Out

	mean	sd	hdi_3%	hdi_97%	mcse_mean	mcse_sd	ess_bulk	ess_tail	r_hat
beta0	2.013	0.065	1.898	2.150	0.001	0.001	2797.0	2027.0	1.0
beta1	0.455	0.024	0.410	0.501	0.000	0.000	2528.0	2274.0	1.0
nu	1.357	0.509	0.537	2.285	0.011	0.008	1983.0	2421.0	1.0
sigma	0.260	0.084	0.117	0.420	0.002	0.001	1583.0	1732.0	1.0

リスト8.42では**model_t**の線形モデルでの回帰直線を青い線で表示させています。一緒に図示している**model**の線形モデルの回帰直線と比較すると、このモデルでは外れ値の影響がほとんど無くなっていることがわかります。

リスト8.42 2つのモデルによる回帰直線の比較

In

```
fig, ax = plt.subplots(constrained_layout=True)

ax.scatter(data['x'], data['y'])
ax.plot(data['x'], trace['mu'].mean(axis=0), 'gray',
        label=f"y = {trace['beta0'].mean():.2f} + ➡
{trace['beta1'].mean():.2f} * x")
ax.plot(data['x'], trace_t['mu'].mean(axis=0), 'b',
```

```
        label=f"y = {trace_t['beta0'].mean():.2f} + ➡
{trace_t['beta1'].mean():.2f} * x")

ax.set_xlabel(r'$x$')
ax.set_ylabel(r'$y$')
ax.legend()
```

Out

```
<matplotlib.legend.Legend at 0x1d536408970>
```

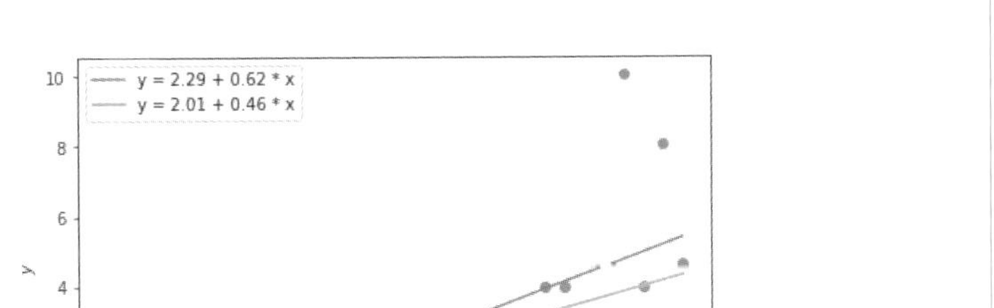

リスト8.43のように予測分布のHDIも表示してみると、外れ値は94%HDIにも含まれないことがわかります。

リスト8.43 回帰直線のHDIを表示

In

```
with model_t:
    pp = pm.sample_posterior_predictive(trace_t)

fig, ax = plt.subplots(constrained_layout=True)

ax.scatter(data['x'], data['y'])
ax.plot(data['x'], trace_t['mu'].mean(axis=0), 'b',
        label=f"y = {trace_t['beta0'].mean():.2f} + ➡
{trace_t['beta1'].mean():.2f} * x")

pm.plot_hdi(data['x'], pp['y'], ax=ax,
```

```
                fill_kwargs={'color': 'gray',
                                 'label': r'$94¥%$ HDI'})
pm.plot_hdi(data['x'], pp['y'], hdi_prob=0.5, ax=ax,
                fill_kwargs={'color': 'gray',
                                 'alpha': 0.8,
                                 'label': r'$50¥%$ HDI'})

ax.set_xlabel(r'$x$')
ax.set_ylabel(r'$y$')
ax.legend()
```

Out

```
100.00% [4000/4000 00:03<00:00]

<matplotlib.legend.Legend at 0x1d536533460>
```

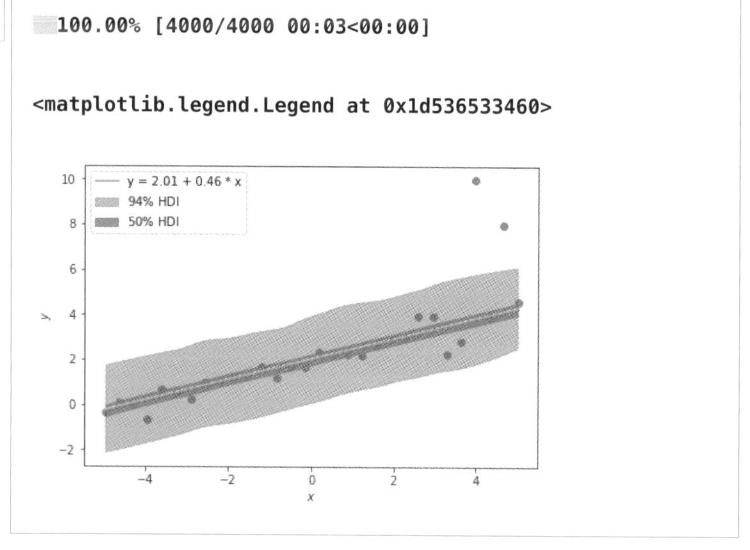

正規分布は裾が薄いため、外れ値のようなデータがあると分布の平均値がそれに引っ張られ、標準偏差も大きくなってしまいます。t分布は外れ値があるとνが減少することになり、裾の厚い分布になります。そのため位置パラメータと尺度パラメータは外れ値に引っ張られず、主にデータセットの中で平均値に近い部分のデータによってパラメータが推定されます。

以上のように外れ値に影響されにくい性質を**ロバスト性**や**頑健性**といいます。そして、t分布を用いた線形回帰は**ロバスト線形回帰**（robust linear regression）と呼ばれます。

8.3 多項式回帰

ここまでの線形回帰の例を通して回帰分析の基礎知識が身に付けば、線形モデルでないモデルを用いた回帰分析も行うことができます。例えば、データセットによっては直線ではなく曲線を当てはめたいことがあります。本節では回帰分析の応用として多項式回帰について解説します。

8-3-1 多項式回帰

曲線を表すモデルはいろいろな種類があります。その中でも簡単な曲線のモデルを使った回帰分析が多項式回帰です。多項式回帰では直線の1次関数の代わりに次の多項式を使用します。

$$\mu = \beta_0 x^0 + \beta_1 x^1 + \ldots + \beta_m x^m \quad \text{(式8.12)}$$

つまり、次数によって多項式は2次関数や3次関数となります。例えば、次数が2であれば（式8.12）は（式8.13）の多項式になり、直線モデルの1次関数の式に$\beta_2 x^2$が加わります。この項は曲線の曲率を表します。

$$\mu = \beta_0 x^0 + \beta_1 x^1 + \beta_2 x^2 \quad \text{(式8.13)}$$

それでは リスト8.44 を実行して例題となるデータセットを作成しましょう。このデータセットは設定したパラメータで計算した2次関数の値に誤差を加えて作成しています。

リスト8.44 データセットの作成

In

```
n = 50
beta0_true = 1
beta1_true = 0.1
beta2_true = 0.2

rng = np.random.default_rng(1)
err_x = rng.normal(0, 0.1, size=n)
err_y = rng.normal(0, 0.5, size=n)
x = np.linspace(-5, 5, n) + err_x
```

```
y = beta0_true + beta1_true * x + beta2_true * x**2 + ➡
err_y

data = {'x': x, 'y': y}
```

作成したデータを散布図で確認しておきます（リスト8.45）。また、データセットを作成したときに設定したパラメータの２次関数の曲線を破線で表示しています。

リスト8.45 データの散布図と理論的な２次関数の曲線

In

```
import matplotlib.pyplot as plt

x = np.linspace(data['x'].min(), data['x'].max(), 200)

fig, ax = plt.subplots(constrained_layout=True)

ax.scatter(data['x'], data['y'], label='data')
ax.plot(x, beta0_true + beta1_true * x + beta2_true * ➡
x**2, 'k--', label='true')

ax.set_xlabel(r'$x$')
ax.set_ylabel(r'$y$')
ax.legend()
```

Out

```
<matplotlib.legend.Legend at 0x1d5380dae80>
```

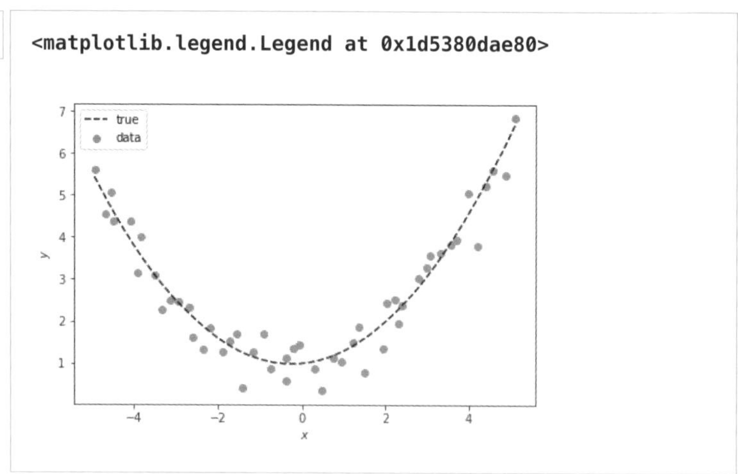

今回、i番目のデータ点y_iは**平均値**（期待値）$mu_i = \beta_0 + \beta_1 x_i + \beta_2 x_i^2$と標準偏差$\epsilon$とする正規分布に従う確率変数とします。これにより多項式回帰モデルは（式8.14）のように表されます。

$$\mu_i = \beta_0 + \beta_1 x_i + \beta_2 x_i^2$$
$$y_i \sim \mathrm{Normal}(\mu_i, \epsilon) \qquad \text{（式8.14）}$$

それではPyMC3を用いてパラメータを推定しましょう（リスト8.46）。モデルを定義する方法は直線の線形回帰の場合と大きな違いはありません。確率変数に**beta2**を追加し、**mu**を（式8.13）の多項式に合わせて変更しただけです。**beta2**も無情報事前分布として分散の大きい正規分布を仮定しています。

リスト8.46 多項式回帰モデルにおけるサンプリング

In

```
with pm.Model() as model_p:
    beta0 = pm.Normal('beta0', mu=0, sigma=100)
    beta1 = pm.Normal('beta1', mu=0, sigma=100)
    beta2 = pm.Normal('beta2', mu=0, sigma=100)
    epsilon = pm.HalfNormal('epsilon', sigma=5)

    mu = pm.Deterministic('mu', beta0 + beta1 * ➡
data['x'] + beta2 * data['x']**2)

    pm.Normal('y', mu=mu, sigma=epsilon,
              observed=data['y'])

    trace_p = pm.sample(random_seed=1)
```

Out

```
Auto-assigning NUTS sampler...
Initializing NUTS using jitter+adapt_diag...
Multiprocess sampling (4 chains in 4 jobs)
NUTS: [epsilon, beta2, beta1, beta0]

100.00% [8000/8000 00:20<00:00 Sampling 4 chains, ➡
0 divergences]
```

```
Sampling 4 chains for 1_000 tune and 1_000 draw ➡
iterations (4_000 + 4_000 draws total) took 88 seconds.
```

推定結果のトレースプロットを見ると収束に問題はないようです（リスト8.47）。

リスト8.47 トレースプロットを表示

In

```
pm.plot_trace(trace_p, var_names='~mu')
```

Out

```
array([[<AxesSubplot:title={'center':'beta0'}>,
        <AxesSubplot:title={'center':'beta0'}>],
       [<AxesSubplot:title={'center':'beta1'}>,
        <AxesSubplot:title={'center':'beta1'}>],
       [<AxesSubplot:title={'center':'beta2'}>,
        <AxesSubplot:title={'center':'beta2'}>],
       [<AxesSubplot:title={'center':'epsilon'}>,
        <AxesSubplot:title={'center':'epsilon'}>]], ➡
dtype=object)
```

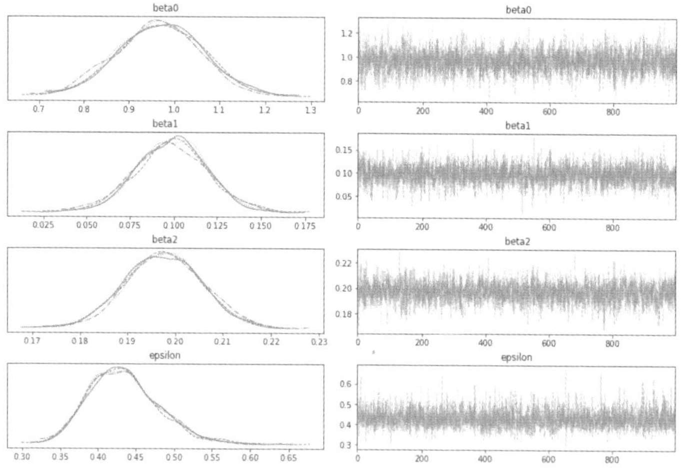

リスト8.48の要約統計量でも$\hat{R}$が1なので収束していると判断できます。

リスト8.48 要約統計量の確認

In

```
pm.summary(trace_p, var_names='~mu')
```

Out

	mean	sd	hdi_3%	hdi_97%	mcse_mean	mcse_sd	ess_bulk	ess_tail	r_hat
beta0	0.968	0.094	0.783	1.138	0.002	0.001	2306.0	2387.0	1.0
beta1	0.099	0.021	0.061	0.139	0.000	0.000	3120.0	2670.0	1.0
beta2	0.198	0.008	0.182	0.212	0.000	0.000	2291.0	2458.0	1.0
epsilon	0.434	0.047	0.350	0.517	0.001	0.001	2572.0	2265.0	1.0

さらに推定結果から回帰曲線を描いてみましょう（リスト8.49）。理論的な曲線とも大きく異ならないので、推定結果は概ね良好であると判断できます。

リスト8.49 回帰曲線の描画

In

```
fig, ax = plt.subplots(constrained_layout=True)

ax.scatter(data['x'], data['y'], label='data')
ax.plot(x, beta0_true + beta1_true * x + beta2_true * ➡
x**2, 'k--', label='true')
ax.plot(data['x'], trace_p['mu'].mean(axis=0), 'b', ➡
label='mcmc')

ax.set_xlabel(r'$x$')
ax.set_ylabel(r'$y$')
ax.legend()
```

Out

```
<matplotlib.legend.Legend at 0x1d53812d3d0>
```

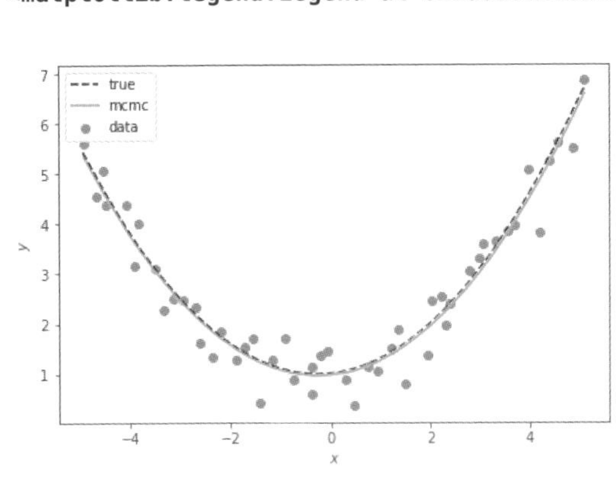

8-3-2 過剰適合

多項式回帰において多項式の次数を上げていけば、どのようなデータセットに対してもうまく曲線を当てはめることができてしまうのでしょうか。ここではそれを実際に試してみましょう。

リスト8.50では8個のデータ点に対して、次数が2、5、7の多項式で曲線を当てはめています。なお、ここでは最小二乗法による方法を使っているのですが、MCMC法による方法でも同じような曲線になります。一般的にn個のデータ点に対しては$n-1$次までの多項式で曲線を当てはめることができます。ここで使用しているNumPyの**polynomial**モジュールは多項式を扱うための関数やクラスを多数提供しており、**fit**関数を使うことで当てはめた曲線を描くことができます。

リスト8.50 多項式の次数を上げると過剰適合が生じる例

In

```
from numpy.polynomial import Polynomial as P

n = 8
beta0_true = 1
beta1_true = 0.1
beta2_true = 0.2

rng = np.random.default_rng(1)
err_x = rng.normal(0, 0.1, size=n)
err_y = rng.normal(0, 1, size=n)
x = np.linspace(-5, 5, n) + err_x
y = beta0_true + beta1_true * x + beta2_true * x**2 + ➡
err_y
data = {'x': x, 'y': y}

fig, ax = plt.subplots(constrained_layout=True)

ax.scatter(data['x'], data['y'])

order = [2, 5, 7]
ls = ['-', '-.', '--']
```

```
x = np.linspace(data['x'].min(), data['x'].max(), 100)

for i, l in zip(order, ls):
p = P.fit(data['x'], data['y'], i)
ax.plot(x, p(x), l, label=f'order: {i}')

ax.set_xlabel(r'$x$')
ax.set_ylabel(r'$y$')
ax.legend()
```

Out

```
<matplotlib.legend.Legend at 0x1d536705100>
```

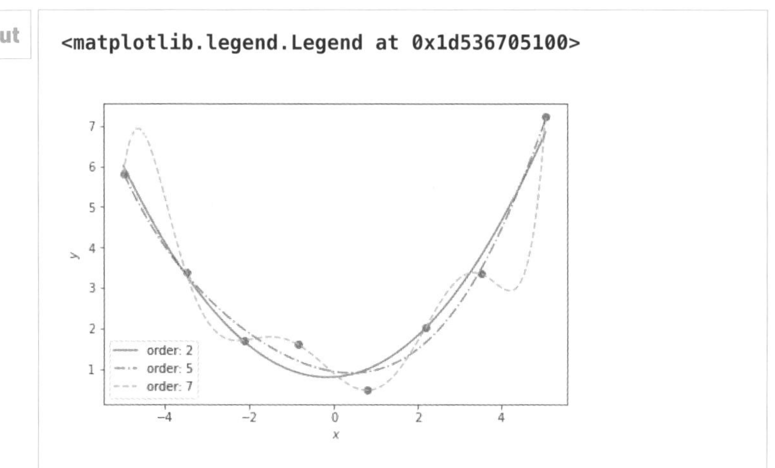

このグラフを見ると、多項式の次数が増えるほど曲線が各データ点の近くを通るようになることがわかります。特に次数7の曲線はデータ点自体を通るようになっています。しかし、次数が増えていくにつれて曲線が細かく湾曲するようになっています。

次数が増えるほど小さなカーブも表現できるようになるため、曲線はデータ点に近づけるようになります。曲線はできるだけデータ点に近づけるように当てはめられるので、その分データ点のないところに歪みが生じてしまいます。しかし、これでは既知のデータ点における誤差は小さくなっても、推定結果をもとにして新しくデータを予測する精度は悪くなってしまいます。このような現象を**過剰適合** (over fitting) と呼びます。過剰適合は統計学や機械学習の分野ではしばしば問題になります。

過剰適合はモデルのパラメータが多すぎるために起きる現象です。実際のデータには必ず誤差が含まれており、パラメータの多いモデルは自由度が高すぎるので誤差に適合しすぎてしまい、予測精度が悪くなります。多項式回帰は実際に使用されてもせいぜい2次か3次までであり、より複雑な曲線を当てはめたいときは異なるモデルを考える方が適切です。

第9章 一般化線形モデルのベイズ推定

前章では線形モデルの回帰分析について学びました。線形モデルの考え方を拡張し、より複雑なモデルを推定できるようにしたものが一般化線形モデルです。本章では一般化線形モデルの概要と、その具体例としてロジスティック回帰とポアソン回帰について解説します。

9.1 一般化線形モデル

本節では一般化線形モデルの概要を述べます。

9-1-1 一般化線形モデルの基本

前章で説明した線形回帰では、観測したデータを生み出す確率的な過程として正規分布を想定し、そのパラメータをMCMC法によって推定しました。観測したデータは正規分布に従っていると仮定し、その正規分布の平均値μは説明変数の線形結合で表すというモデルです。この線形モデルを多くの問題に適用しやすくなるように一般化したものが**一般化線形モデル**（generalized linear models）です。つまり一般化線形モデルはモデルのひな形の1つであり、それに沿ってモデルを構築することで効率良く分析を行うことができます。

一般化線形モデルは3つの要素によって成り立ちます。それが**確率分布**、**線形予測子**（linear predictor）、**リンク関数**（link function）です。

回帰分析では目的変数は1つ以上の説明変数の影響を受けているとします。これは前章で学んだ線形回帰においては次のように表していました。

$$g(\mu) = \beta_0 + \beta_1 x \qquad \text{(式9.1)}$$

この$\beta_0 + \beta_1 x$が線形予測子です。（式9.1）の右辺では説明変数が1つですが、これが2つであれば$\beta_0 + \beta_1 x_1 + \beta_2 x_2$のような式になります。

また、ここで登場した関数gを**リンク関数**や**連結関数**と呼びます。正規分布の平均値μのような確率分布のパラメータと、線形予測子を関連付ける関数がリンク関数です。正規分布ではない分布を使用する場合、その分布のパラメータには制約条件があることがあります。例えば、ポアソン分布では平均値が0以上である必要があります。線形予測子の値をその制約条件を満たすように調整するのがリンク関数の役目です。

前章の線形モデルを一般化線形モデルの形で記述すると次のようになります。

$$\begin{aligned} g(\mu_i) &= \beta_0 + \beta_1 x_i \\ y_i &\sim \text{Normal}(\mu_i, \epsilon) \end{aligned} \qquad \text{(式9.2)}$$

リンク関数gが$g(\mu) = \mu$となる引数の値と同じ値を返す関数であるとします。この関数は恒等関数と呼ばれる何もしない関数なので、（式9.2）は次のように書き換えられます。

$$\mu_i = \beta_0 + \beta_1 x_i$$
$$y_i \sim \text{Normal}(\mu_i, \epsilon) \quad \text{(式9.3)}$$

リンク関数に恒等関数でないものを使用したい状況の1つは、天気や血液型や名前などの質的データを確率変数として扱う場合です。これらは離散的な値しかとらないため、正規分布によってうまくモデル化できません。そこで確率分布を変更することになりますが、その分布に合わせてリンク関数も恒等関数から変更します。例えば正規分布ではなく二項分布を使う場合、そのパラメータの平均値が$[0, 1]$の区間に収まる必要があります。これを実現するためにリンク関数を変更し、線形予測子の値を希望の区間に制限します。

9-1-2 GLMモジュール

PyMC3で一般化線形モデルを定義する場合でも、ここまでに見てきたようにモデルと確率変数を明示的に記述していくことは変わりません。そのほか、PyMC3には一般化線形モデルの作成を簡単にする**GLMモジュール**が含まれています。GLMモジュールには一般化線形モデルを簡単なコードで記述するための**pm.GLM.from_formula関数**が用意されています。この関数を使えば、モデル式の書式で一般化線形モデルを定義することができます。単純なモデルである場合はコードを短く書けるので使ってみると良いでしょう。

例として、GLMモジュールを使って簡単な線形回帰をやってみます。まずは リスト9.1 を実行してデータを作成しておきます。このとき、データを辞書かpandasのデータフレームにまとめておきます。

リスト9.1 データセットの作成

In

```
import numpy as np

n = 30
beta0_true = 1
beta1_true = 2

x = np.linspace(-1, 1, n)
rng = np.random.default_rng(1)
err = np.random.normal(0, 0.5, size=n)
```

9.1 一般化線形モデル

```
y = beta0_true + beta1_true * x + err

data = {'x': x, 'y': y}
```

作成したデータの散布図はリスト9.2を実行すれば確認できます。

リスト9.2 データの散布図を表示

In

```
import matplotlib.pyplot as plt

fig, ax = plt.subplots()

ax.scatter(data['x'], data['y'])
ax.set_xlabel(r'$x$')
ax.set_ylabel(r'$y$')
```

Out

```
Text(0, 0.5, '$y$')
```

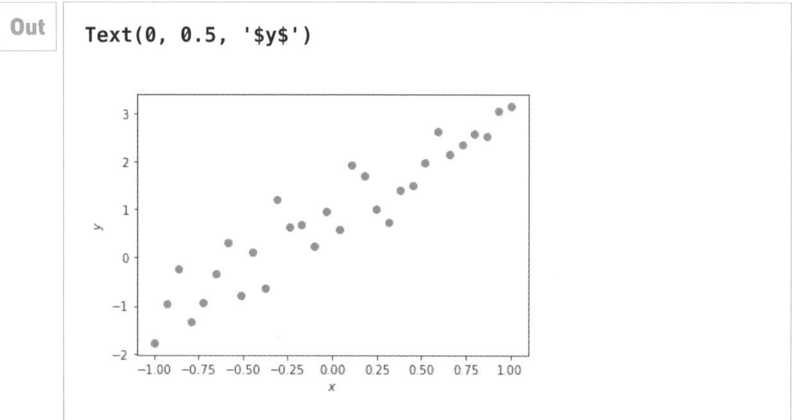

一般化線形モデルの場合は線形予測子、確率分布、リンク関数の3つを指定することでモデルの構造を決めます。**pm.GLM.from_formula**関数では関数の引数に線形予測子を文字列で指定します（リスト9.3）。文字列の**~**記号の左側が目的変数で、右側が説明変数となります。**'y ~ x'**は目的変数が**y**、説明変数が**x**の線形予測子を表しています。説明変数が2つ以上の場合は**+**記号を用いて**'y ~ x1 + x2'**のように記述していきます。

リスト9.3 pm.GLM.from_formula関数の例

In
```
import pymc3 as pm
import warnings
warnings.simplefilter('ignore', FutureWarning)

with pm.Model() as model:
    pm.GLM.from_formula('y ~ x', data)

    trace = pm.sample(random_seed=1)
```

Out
```
Auto-assigning NUTS sampler...
Initializing NUTS using jitter+adapt_diag...
Multiprocess sampling (4 chains in 4 jobs)
NUTS: [sd, x, Intercept]

100.00% [8000/8000 00:15<00:00 Sampling 4 chains, ➡
0 divergences]
Sampling 4 chains for 1_000 tune and 1_000 draw ➡
iterations (4_000 + 4_000 draws total) took 80 seconds.
```

リスト9.3 では確率分布とリンク関数を指定していませんが、その場合はデフォルトの設定が使われます。デフォルトでは確率分布には正規分布、リンク関数は恒等関数になります。なお、確率分布は**pm.GLM.from_formula**関数の**family**引数で指定でき、リスト9.4 の確率分布を選べます。また、確率分布を選択するとそれに適したリンク関数が自動で設定されます。

リスト9.4 family引数に指定できる確率分布の一覧

In
```
print([x for x in dir(pm.glm.families) if x[0].isupper()])
```

Out
```
['Binomial', 'Family', 'Identity', 'NegativeBinomial', ➡
'Normal', 'Poisson', 'StudentT']
```

パラメータの事前分布は**pm.GLM.from_formula**関数の**priors**引数で指定することができます。**priors**引数にはパラメータとその事前分布をまとめた辞書を渡します。リスト9.5の例では**priors**引数を使って**Intercept**と**x**の事前分布が正規分布であるとしています。パラメータの名前は自動で決定されるのでβ_0やβ_1ではないので注意してください。**Intercept**が切片、**x**が説明変数xの傾きです。また、リスト9.5では**pm.GLM.from_formula**関数の**familiy**引数を使って確率分布が正規分布であると明示しています。

リスト9.5 **priors**引数と**familiy**引数の指定方法の例

In

```
with pm.Model() as model:
    priors = {
        'Intercept': pm.Normal.dist(mu=0, sigma=100),
        'x': pm.Normal.dist(mu=0, sigma=100)
    }
    pm.GLM.from_formula('y ~ x', data,
                        priors=priors,
                        family=pm.glm.families.Normal())

    trace = pm.sample(random_seed=1)
```

Out

```
Auto-assigning NUTS sampler...
Initializing NUTS using jitter+adapt_diag...
Multiprocess sampling (4 chains in 4 jobs)
NUTS: [sd, x, Intercept]

100.00% [8000/8000 00:16<00:00 Sampling 4 chains, ➡
0 divergences]

Sampling 4 chains for 1_000 tune and 1_000 draw ➡
iterations (4_000 + 4_000 draws total) took 79 seconds.
```

サンプリング結果の確認としてリスト9.6のトレースプロットとリスト9.7の要約統計量を確認しておきましょう。トレースプロットの形状や**r_hat**が1であることから収束に問題はなさそうです。

リスト9.6 トレースプロットを表示

In
```
pm.plot_trace(trace)
```

Out
```
array([[<AxesSubplot:title={'center':'Intercept'}>,
         <AxesSubplot:title={'center':'Intercept'}>],
        [<AxesSubplot:title={'center':'x'}>,
         <AxesSubplot:title={'center':'x'}>],
        [<AxesSubplot:title={'center':'sd'}>,
         <AxesSubplot:title={'center':'sd'}>]], ➡
dtype=object)
```

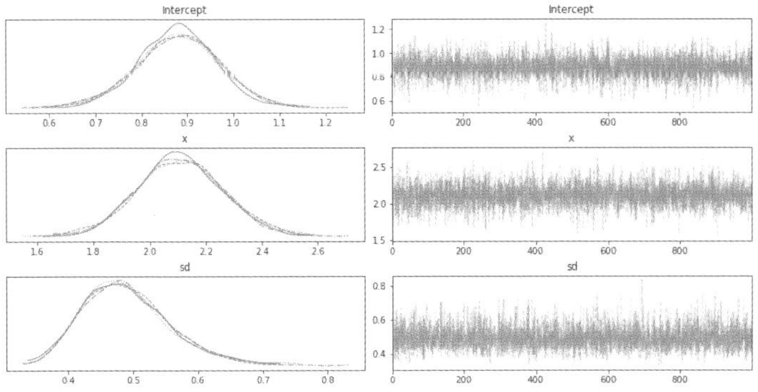

リスト9.7 要約統計量の確認

In
```
pm.summary(trace)
```

Out

	mean	sd	hdi_3%	hdi_97%	mcse_mean	mcse_sd	ess_bulk	ess_tail	r_hat
Intercept	0.878	0.090	0.707	1.048	0.001	0.001	4867.0	2479.0	1.0
x	2.109	0.154	1.816	2.393	0.002	0.002	4290.0	2786.0	1.0
sd	0.490	0.067	0.371	0.616	0.001	0.001	3906.0	2981.0	1.0

リスト9.8のように推定したパラメータの点推定値を使って回帰直線も描くことができます。直線はよくデータに当てはまっているようなので、パラメータの推定もうまく行えていると考えられます。以上のように、**pm.GLM.from_formula**関数を用いて一般化線形モデルによる回帰分析を簡潔なコードで記述することができます。

リスト9.8 回帰直線を描画

In

```
fig, ax = plt.subplots(constrained_layout=True)

ax.scatter(data['x'], data['y'], label='data')
ax.plot(data['x'], trace['Intercept'].mean() + ➡
trace['x'].mean() * data['x'], 'k', label='mean')
ax.set_xlabel(r'$x$')
ax.set_ylabel(r'$y$')
ax.legend()
```

Out

```
<matplotlib.legend.Legend at 0x1abfabaee20>
```

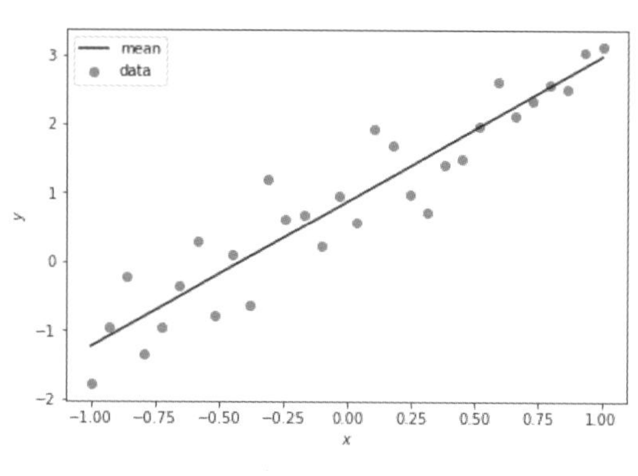

9.2 ロジスティック回帰

一般化線形モデルにおいては、コインの裏表や種子の発芽率といった2つの結果しかとらないデータを対象とする場合、確率分布に二項分布が用いられます。本節では、2値データを扱う基本的な手法であるロジスティック回帰について解説します。

9-2-1 分類問題

回帰問題では目的変数となるデータは連続型の数値でした。目的変数が離散的な値(離散的なクラス)である問題は分類問題と呼ばれます。クラスとは例えば、晴れならば0、雨ならば1のように、その順番自体に意味はないが整数を割り当てることができるカテゴリーのことです。回帰問題と分類問題の目的はどちらも、目的変数と説明変数の関係を適切に表すモデルを得ることです。この節で紹介する**ロジスティック回帰**（**logistic regression**）**モデル**は回帰にも利用できますが、一般的には分類問題を解決するための方法として利用されています。

例えば、ある動物N匹の体重のデータがあるとします。そのデータをもとにして体重から性別を予測するモデルを作ってみましょう。つまり、説明変数が体重であり、性別を目的変数とします。ここでは動物がメスであれば0、オスであれば1を割り当てるとします。なお、このようにデータに割り当てた0か1しかとらない変数を**ダミー変数**と呼びます。リスト9.9を実行すると、30個の体重データ**x**と性別データ**y**が生成されます。オスとメスを0.5の確率でランダムに決定しています。そして、メスの体重は2.4から3.2までの一様分布、オスの体重は2.8から4.4までの一様分布に従うとしています。

リスト9.9 データセットの作成

In

```
import numpy as np


n = 30
x = np.zeros(n)
y = np.zeros(n, dtype=int)
# 分布の開始点
Dist_s = [2.4, 2.8]
# 分布の幅
Dist_w = [0.8, 1.6]


rng = np.random.default_rng(10)
for i in range(n):
    wk = rng.random()
    y[i] = 0 * (wk < 0.5) + 1 * (wk >= 0.5)
    x[i] = rng.random() * Dist_w[y[i]] + Dist_s[y[i]]


data = {'x': x, 'y': y}
```

リスト9.10 は作成したデータを散布図で表示するコードです。x 軸が体重、y 軸がダミー変数の値でオスかメスを表しています。わかりやすくオスとメスでデータ点の色を変えています。

リスト9.10 データの散布図を表示

In

```
import matplotlib.pyplot as plt

fig, ax = plt.subplots(constrained_layout=True)

ax.scatter(data['x'], data['y'],
           color=[f'C{i}' for i in data['y']])
ax.vlines(x=3.1, ls='--', ymin=0, ymax=1)
ax.set_yticks([0, 1])
ax.set_xlabel(r'$x$')
ax.set_ylabel(r'$y$')
```

Out

```
Text(0, 0.5, '$y$')
```

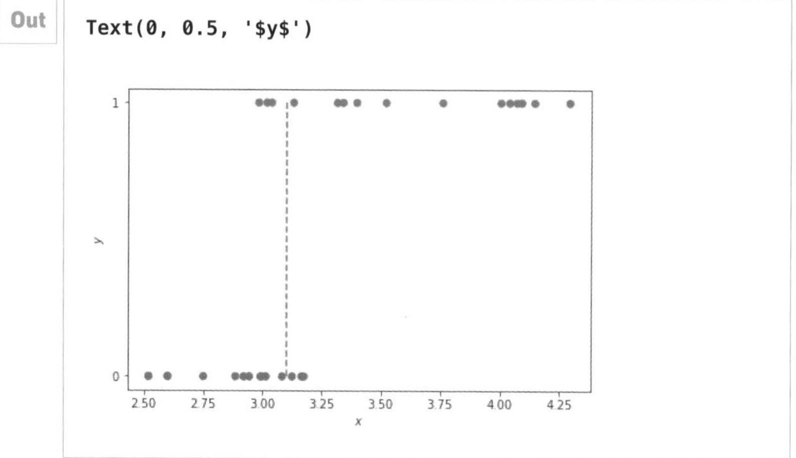

さて、このようなデータがあったとして、オスとメスを分ける境界線を求めます。これを**決定境界**（decision boundary）と呼び、仮の決定境界を図中の破線で表しています。決定境界が決まれば、新しい質量データが決定境界より大きいか小さいかでオスかメスかを予測できます。ただし、このような決定境界を設定するのは誤分類があっても許容できる場合のみにしましょう。

それでは、どのように決定境界を決めるのが適切でしょうか。乱暴にやるなら線形単回帰モデルを使ってデータの分布に直線を当てはめ、直線の値が0.5となる位置を決定境界とする方法があります。0.5というのは0と1の真ん中であるというだけで設定されているので、特に理論的な意味はありません。しかし、この方法はうまくいかない場合があります。例えば、リスト9.11を実行して線形回帰モデルのパラメータを推定してみます。ここで定義している**boundary**は決定境界の位置を求めるための変数です。

リスト9.11 線形回帰モデルによるパラメータ推定

In

```
import pymc3 as pm
import warnings
warnings.simplefilter('ignore', FutureWarning)

# データの中心化
data['x_c'] = data['x'] - data['x'].mean()

with pm.Model() as model:
    beta0 = pm.Normal('beta0', mu=0, sigma=100)
    beta1 = pm.Normal('beta1', mu=0, sigma=100)
    epsilon = pm.HalfNormal('epsilon', sigma=5)

    mu = pm.Deterministic('mu',
                          beta0 + beta1 * data['x_c'])
    boundary = pm.Deterministic('boundary',
                                (0.5 - beta0) / beta1)

    pm.Normal('y', mu=mu, sigma=epsilon,
              observed=data['y'])

    trace = pm.sample(random_seed=1)
```

Out

```
Auto-assigning NUTS sampler...
Initializing NUTS using jitter+adapt_diag...
Multiprocess sampling (4 chains in 4 jobs)
NUTS: [epsilon, beta1, beta0]
```

```
100.00% [8000/8000 00:18<00:00 Sampling 4 chains, ➡
0 divergences]

Sampling 4 chains for 1_000 tune and 1_000 draw ➡
iterations (4_000 + 4_000 draws total) took 81 seconds.
```

推定結果から決定境界を描いてみます（リスト9.12）。すると、決定境界がデータの分布が広いオス側に引っ張られていることがわかります。この傾向は外れ値があると、より深刻になっていきます。

リスト9.12 線形回帰モデルで推定した決定境界を描画

In

```
fig, ax = plt.subplots(constrained_layout=True)

ax.scatter(data['x'], data['y'],
           color=[f'C{i}' for i in data['y']])
ax.plot(data['x'], trace['mu'].mean(axis=0))
ax.vlines(x=trace['boundary'].mean(axis=0) + ➡
data['x'].mean(), ls='--', ymin=0, ymax=1)
ax.set_xlabel(r'$x$')
ax.set_ylabel(r'$y$')
```

Out

```
Text(0, 0.5, '$y$')
```

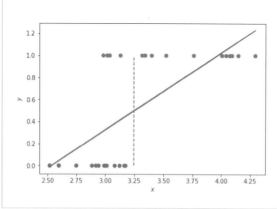

　このように、線形回帰モデルを分類問題にそのまま当てはめるのは適切ではありません。そこで、分類問題には二項分布を確率分布に用いるロジスティック回帰モデルがよく使用されます。

9-2-2 ロジスティック関数

　ロジスティック回帰モデルで重要になるのがロジスティック関数です。まずはこのロジスティック関数の性質を知っておきましょう。(式9.4) のように定義される関数はロジスティック関数の特殊形であり、**シグモイド関数**とも呼ばれます。

$$logistic(x) = \frac{1}{1 + e^{-x}} \quad \text{(式9.4)}$$

　リスト9.13 を実行するとロジスティック関数のグラフが作成されます。ロジスティック関数は図のように滑らかな階段状の形をしています。

リスト9.13 ロジスティック関数の曲線①

In

```
x = np.linspace(-5, 5, 100)

fig, ax = plt.subplots(constrained_layout=True)

ax.plot(x, 1 / (1 + np.exp(-x)))
ax.set_xlabel(r'$x$')
ax.set_ylabel(r'$logistic(x)$')
ax.grid()
```

Out

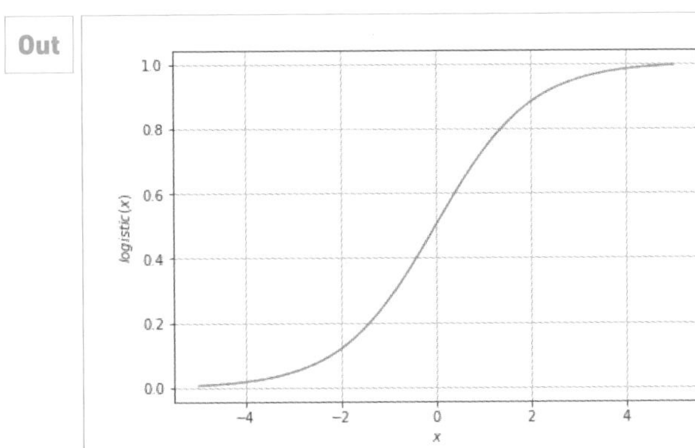

ロジスティック関数の出力は0から1の間の実数になります。つまり、ロジスティック関数は入力の値を0から1の間に変換する関数だといえます。この性質から、ロジスティック関数は何らかのデータを確率に変換するときによく利用されます。

（式9.5）のように、この関数の入力を1次関数にしてみましょう。

$$logistic(\beta_0 + \beta_1 x) = \frac{1}{1 + e^{-(\beta_0 + \beta_1 x)}} \tag{式9.5}$$

これは線形モデルから計算された値を、0と1の範囲に変換することになります。リスト9.14では1次関数の直線と、その直線をロジスティック関数の入力としたときの曲線を描いています。1次関数の出力が正であれば1に近い値に、出力が負であれば0に近い値に変換されていきます。また、直線が0の値を取る点は、その中間の0.5の値となります。

リスト9.14 ロジスティック関数の曲線②

In

```
# ロジスティック関数を定義
def logistic(x, b):
    # パラメータは b 引数で指定する
    y = 1 / (1 + np.exp(-(b[0] + b[1] * x)))
    return y

fig, ax = plt.subplots(constrained_layout=True)

ax.plot(x, 4 + 2 * x, label=r'$y=4+2x$')
ax.plot(x, logistic(x, [4, 2]),
label=r'y=$logistic(4+2x)$')
ax.set_ylim([-0.5, 1.5])
ax.set_xlabel(r'$x$')
ax.set_ylabel(r'$logistic(x)$')
ax.grid()
ax.legend()
```

Out

```
<matplotlib.legend.Legend at 0x1abfe284400>
```

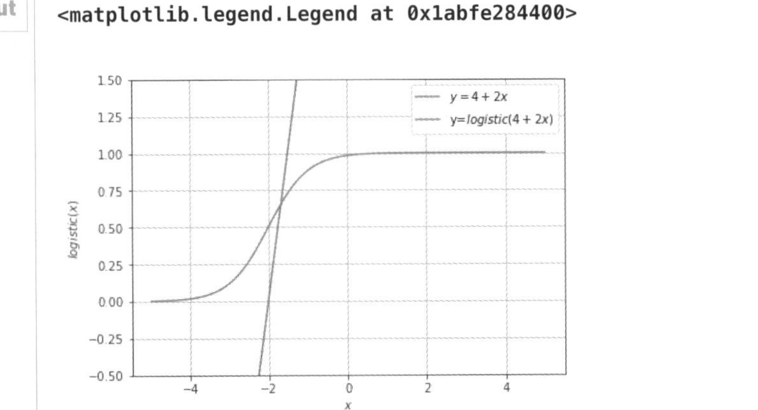

ロジスティック回帰モデルでは、確率分布に二項分布を用います。二項分布の成功確率pは$[0, 1]$の範囲しかとらないため、ロジスティック関数によって線形予測子の値を変換してpの値とします。

9-2-3 ロジスティック回帰モデル

それでは分類の例題についてPyMC3を使ってモデルを構築していきましょう。観測した動物1匹につきオスかメスかしかないとしているので、データはベルヌーイ分布に従うと仮定します。この例題では二項分布の特殊形であるベルヌーイ分布としていますが、問題によっては二項分布が用いられます。モデルは（式9.6）のように定義できます。

$$
\begin{aligned}
\mu_i &= \beta_0 + \beta_1 x_i \\
y_i &\sim \mathrm{Bernoulli}(logistic(\mu_i))
\end{aligned}
\quad \text{（式9.6）}
$$

なお、一般化線形モデルの文脈では、ロジスティック関数の入力と出力を入れ替えたロジット関数がリンク関数であり、ロジスティック関数は逆リンク関数と呼ばれます。

（式9.6）のモデルと今までの線形回帰との主な違いは、正規分布の代わりにベルヌーイ分布を使用し、恒等関数の代わりにロジスティック関数を使用していることです。定義したモデルをPyMC3上で実装したものが リスト9.15 です。

リスト9.15 ロジスティック回帰モデルによるパラメータ推定

In

```
with pm.Model() as model_l:
    beta0 = pm.Normal('beta0', mu=0, sigma=100)
    beta1 = pm.Normal('beta1', mu=0, sigma=100)

    mu = pm.Deterministic('mu', pm.math.sigmoid(beta0 ➡
+ beta1 * data['x_c']))
    boundary = pm.Deterministic('boundary',
                                -beta0 / beta1)

    pm.Bernoulli('y', p=mu, observed=data['y'])

    trace_l = pm.sample(random_seed=1)
```

Out

```
Auto-assigning NUTS sampler...
Initializing NUTS using jitter+adapt_diag...
Multiprocess sampling (4 chains in 4 jobs)
NUTS: [beta1, beta0]

100.00% [8000/8000 00:19<00:00 Sampling 4 chains, ➡
0 divergences]

Sampling 4 chains for 1_000 tune and 1_000 draw ➡
iterations (4_000 + 4_000 draws total) took 86 seconds.
The number of effective samples is smaller than 25% ➡
for some parameters.
```

コードは全体的には線形回帰モデルと似ていることがわかります。異なる点としては、**mu**の定義においてロジスティック関数を計算する**pm.math.sigmoid**関数を使用しています。また、確率分布にベルヌーイ分布を表す**pm.Bernoulli**関数を利用しています。

boundaryは決定境界を求めるための変数です。決定境界はロジスティック関数の値が0.5であるときのx_bの値としています。つまり、次の式が成り立ちます。

$$0.5 = logistic(\beta_0 + \beta_1 x_b) \quad \text{(式9.7)}$$

(式9.7) とロジスティック関数の定義によって次の式が成り立ちます。

$$\beta_0 + \beta_1 x_b = 0 \quad \text{(式9.8)}$$

よって、決定境界であるx_bは次の式のようになります。

$$x_b = \frac{-\beta_0}{\beta_1} \quad \text{(式9.9)}$$

それでは、分析結果の リスト9.16 と リスト9.17 を確認してみましょう。**r_hat**は1.0であり、収束に問題はないようです。

リスト9.16 トレースプロットを表示

In

```
names = ['beta0', 'beta1']
pm.plot_trace(trace_l, var_names=names)
```

Out

```
array([[<AxesSubplot:title={'center':'beta0'}>,
        <AxesSubplot:title={'center':'beta0'}>],
       [<AxesSubplot:title={'center':'beta1'}>,
        <AxesSubplot:title={'center':'beta1'}>]], ➡
dtype=object)
```

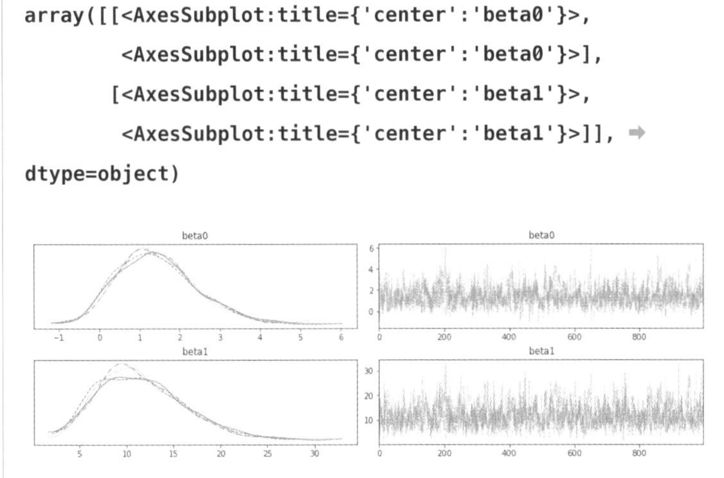

リスト9.17 要約統計量の確認

In

```
pm.summary(trace_l, var_names=names)
```

Out

	mean	sd	hdi_3%	hdi_97%	mcse_mean	mcse_sd	ess_bulk	ess_tail	r_hat
beta0	1.446	0.982	-0.185	3.354	0.032	0.025	987.0	1098.0	1.0
beta1	11.691	4.712	3.485	20.067	0.155	0.114	1016.0	1261.0	1.0

ロジスティック回帰では逆リンク関数にロジスティック関数を使用しているため、推定した傾きの意味が若干わかりにくいです。傾きが正であればxが増加すると成功確率pは増加します。しかし、それがどの程度なのかを知るためには、いくつか用語を知っておく必要があります。

ここで、**オッズ**(odds)という数値を導入します。成功確率が失敗確率の何倍であるかを表した指標がオッズです。成功確率をpとしたとき、オッズは次のように計算されます。

$$\frac{p}{1-p} \tag{式9.10}$$

この成功確率とオッズの関係は単調な変換であり、成功確率が増加するとオッズも増加します。

ロジスティック関数の逆関数はロジット関数であり、次のように定義されます。

$$logit(p) = \log\left(\frac{p}{1-p}\right) \tag{式9.11}$$

これが線形予測子と等価であるので、今回のモデルでは次の式が成り立ちます。

$$\log\left(\frac{p}{1-p}\right) = \beta_0 + \beta_1 x \tag{式9.12}$$

リスト9.18のグラフは、この式にあるオッズの対数が成功確率に対してどのように変化するかを示しています。成功確率が増加すると対数オッズも増加していきます。(式9.12) から、ロジスティック回帰モデルの係数β_1は対数オッズの増加率を表していると解釈できます。

リスト9.18 成功確率に対する対数オッズの変化

In

```
p = np.linspace(0.01, 0.99, 100)
odds = np.log(p / (1 - p))

fig, ax = plt.subplots(constrained_layout=True)
ax.plot(p, odds)
```

```
ax.set_xlabel(r'$p$')
ax.set_ylabel('log-odds')
```

Out

```
Text(0, 0.5, 'log-odds')
```

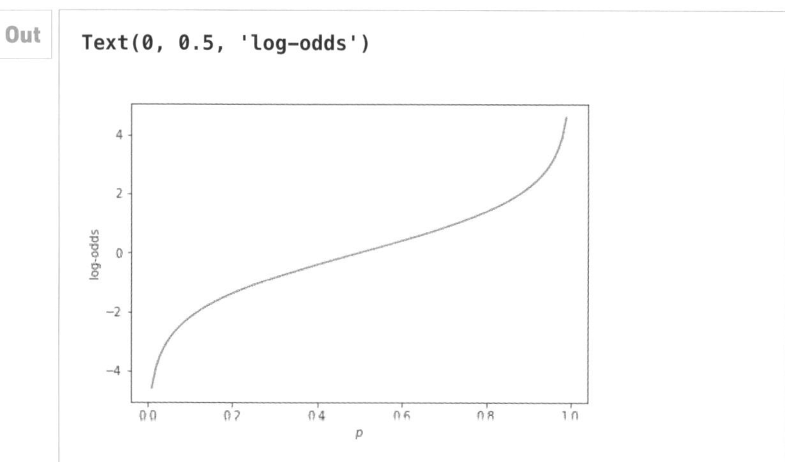

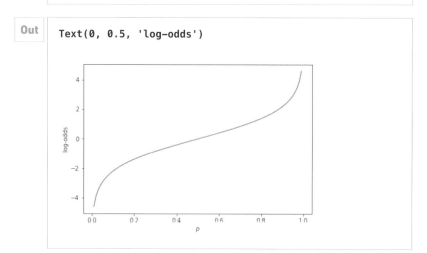

それでは、推定結果のS字型の曲線(シグモイド曲線)をデータの散布図に重ねて表示してみましょう（リスト9.19）。

リスト9.19 推定されたシグモイド曲線と決定境界を描画

In

```
fig, ax = plt.subplots(constrained_layout=True)

ax.scatter(data['x'], data['y'], color=[f'C{i}' for i ➡
in data['y']])

# 推定されたシグモイド曲線の描画
mu = trace_l['mu'].mean(axis=0)
idx = np.argsort(data['x'])
ax.plot(data['x'][idx], mu[idx])
pm.plot_hdi(data['x'], trace_l['mu'], ax=ax)

# 決定境界の描画
plt.vlines(trace_l['boundary'].mean(axis=0) + ➡
data['x'].mean(), 0, 1, color='k')
```

```
boundary_hdi = pm.hdi(trace_l['boundary']) + ➡
data['x'].mean()
ax.fill_betweenx([0, 1] , boundary_hdi[0],
                 boundary_hdi[1], alpha=0.5)

ax.set_xlabel(r'$x$')
ax.set_ylabel(r'$y$')
```

Out

```
Text(0, 0.5, '$y$')
```

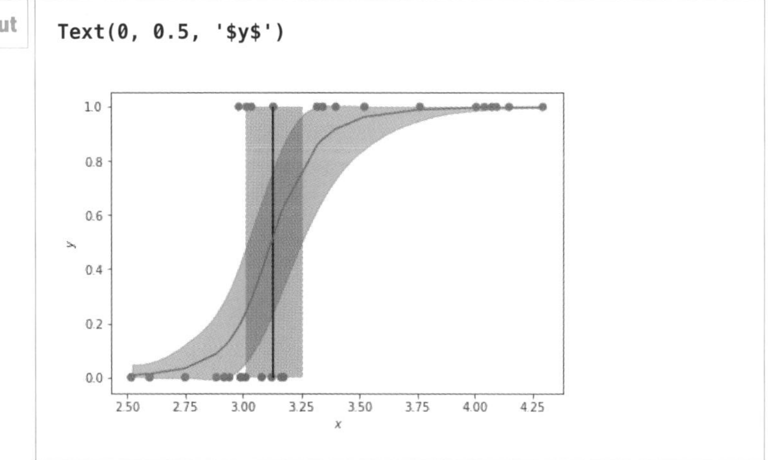

図の曲線は、ある動物の体重xがわかったとき、その動物がオスである確率pの平均値を表しています。また、決定境界を垂直線で描き、それぞれの94%HDIを半透明の帯で表示しています。

9-2-4 ロバストロジスティック回帰

ロジスティック回帰でも外れ値に影響されにくくする方法があります。例として、オスの個体として外れ値を加えたものを考えてみましょう。リスト9.20では外れ値を加えたデータを作成し、それを散布図として表示させています。

リスト9.20 外れ値を加えたデータセットの作成

In

```
data['x2'] = np.append(data['x'], [5.0, 5.2])
data['y2'] = np.append(data['y'], [1, 1])
data['x2_c'] = data['x2'] - data['x2'].mean()
```

```
fig, ax = plt.subplots(constrained_layout=True)

ax.scatter(data['x2'], data['y2'],
           color=[f'C{i}' for i in data['y2']])
ax.set_yticks([0, 1])
ax.set_xlabel(r'$x$')
ax.set_ylabel(r'$y$')
```

Out

```
Text(0, 0.5, '$y$')
```

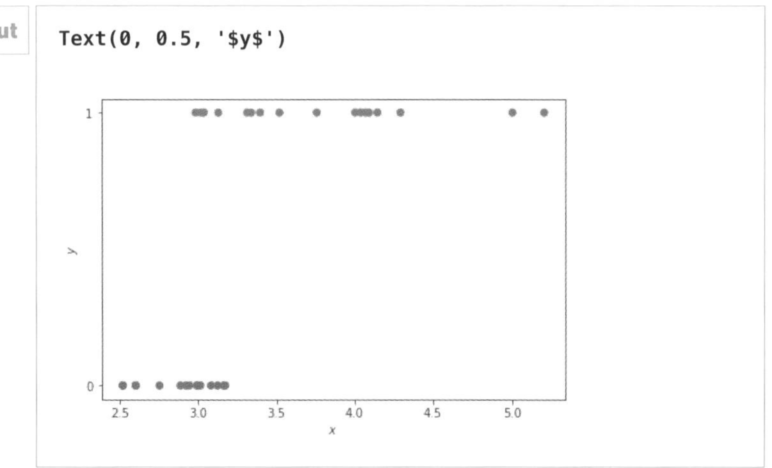

ここでは、モデルの線形予測子と確率分布は変更せず、リンク関数の部分だけを変更します。これは一般化線形モデルとは異なりますが、ロジスティック関数にパラメータψを追加し、次のように線形予測子とpを関連付けています。

$$p = 0.5\psi + (1 - \psi) logistic(\beta_0 + \beta_1 x) \quad \text{(式9.13)}$$

この式の値は、ψが0に近ければロジスティック関数に近くなり、ψが1に近づくと0.5に近づいていきます。これは通常のデータが生成される過程と、外れ値が生成される過程の2つがあると仮定したことを表しています。そして、通常のデータが生成される過程は$1 - \psi$の確率で起こると考えたモデルになっています。リスト9.21はψを変化させたときの（式9.13）の値をグラフにしたものです。

リスト9.21 パラメータψの曲線に対する影響

In

```
fig, ax = plt.subplots(constrained_layout=True)

x = np.linspace(-10, 10, 100)

psis = [0, 0.1, 0.3]
ls = ['-', '--', '-.']

for psi, l in zip(psis, ls):
    p = 0.5 * psi + (1 - psi) * logistic(x, [0.5, 1])
    ax.plot(x, p, l, label=f'$¥psi$ = {psi}')

ax.legend()
```

Out

```
<matplotlib.legend.Legend at 0x1abffeb3190>
```

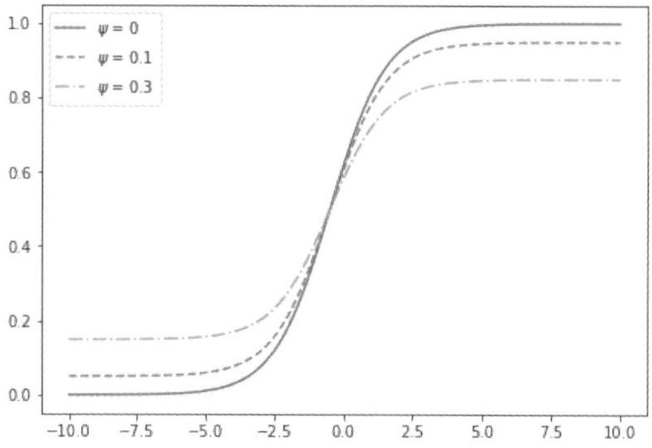

ψが大きくなるとロジスティック関数の形から離れていきますが、グラフは必ず平均値である0.5の点を通ります。外れ値があった場合、ψを増加させることでそれに対応できるため、β_0とβ_1への影響が少なくなります。

PyMC3でモデルを実装していきますが、ψにも事前分布を設定する必要があります。ψの無情報事前分布としては**ベータ分布**(beta distribution)などが使われます。ψは0から1の実数であり、ベータ分布の確率変数の定義域がそれに一致しています。ベータ分布の確率密度関数は（式9.14）で表されます。

$$f(x \mid \alpha, \beta) = \frac{x^{\alpha-1}(1-x)^{\beta-1}}{B(\alpha, \beta)} \quad \text{（式9.14）}$$

ここで$B(\alpha, \beta)$はベータ関数という関数を表し、パラメータのαとβは共に正の実数です。リスト9.22を実行してベータ分布のパラメータがベータ分布の形状に与える影響を見てみましょう。ベータ分布はパラメータの値によっては平坦な形状になります。

リスト9.22 ベータ分布におけるパラメータα、βの影響

In

```
from scipy import stats

x = np.linspace(0, 1, 200)
alphas = [1, 5, 0.5, 2]
betas = [1, 2, 0.5, 5]
ls = ['-', ':', '--', '-.']

fig, ax = plt.subplots(constrained_layout=True)

for alpha, beta, l in zip(alphas, betas, ls):
    pdf = stats.beta.pdf(x, alpha, beta)
    ax.plot(x, pdf, l, label=rf'$¥alpha$ = {alpha}, ➡
$¥beta$ = {beta}')

ax.set_xlabel(r'$x$')
ax.set_ylabel(r'$f(x)$')
ax.legend()
```

Out

```
<matplotlib.legend.Legend at 0x1abfaf404f0>
```

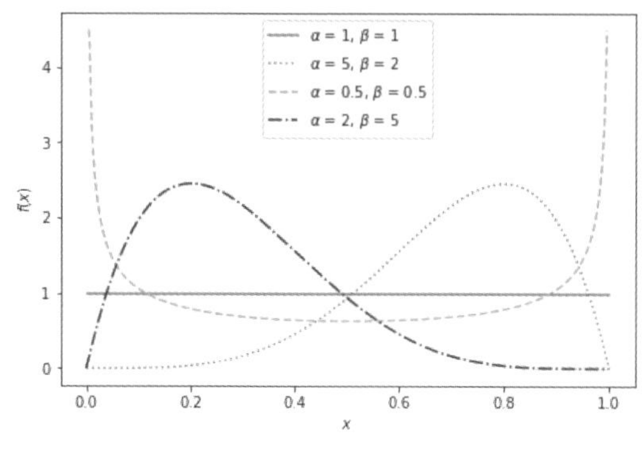

PyMC3でモデルを実装するとリスト9.23のようになります。

リスト9.23 ロバストなロジスティック回帰モデルによるパラメータ推定

In

```
with pm.Model() as model_rl:
    beta0 = pm.Normal('beta0', mu=0, sigma=100)
    beta1 = pm.Normal('beta1', mu=0, sigma=100)
    psi = pm.Beta('psi', 1, 1)

    mu = pm.Deterministic('mu', pm.math.sigmoid➡
(beta0 + beta1 * data['x2_c']))
    p = psi * 0.5 + (1 - psi) * mu
    boundary = pm.Deterministic('boundary',
                                -beta0 / beta1)

    pm.Bernoulli('y', p=mu, observed=data['y2'])

    trace_rl = pm.sample(random_seed=1)
```

Out

```
Auto-assigning NUTS sampler...
Initializing NUTS using jitter+adapt_diag...
Multiprocess sampling (4 chains in 4 jobs)
NUTS: [psi, beta1, beta0]
```

```
100.00% [8000/8000 00:18<00:00 Sampling 4 chains, ➡
0 divergences]

Sampling 4 chains for 1_000 tune and 1_000 draw ➡
iterations (4_000 + 4_000 draws total) took 82 seconds.
```

リスト9.24のトレースプロットとリスト9.25の要約統計量を見てわかるように収束に問題はありません。

リスト9.24 トレースプロットの表示

In

```
names = ['beta0', 'beta1', 'psi']
pm.plot_trace(trace_rl, var_names=names)
```

Out

```
array([[<AxesSubplot:title={'center':'beta0'}>,
        <AxesSubplot:title={'center':'beta0'}>],
       [<AxesSubplot:title={'center':'beta1'}>,
        <AxesSubplot:title={'center':'beta1'}>],
       [<AxesSubplot:title={'center':'psi'}>,
        <AxesSubplot:title={'center':'psi'}>]], ➡
dtype=object)
```

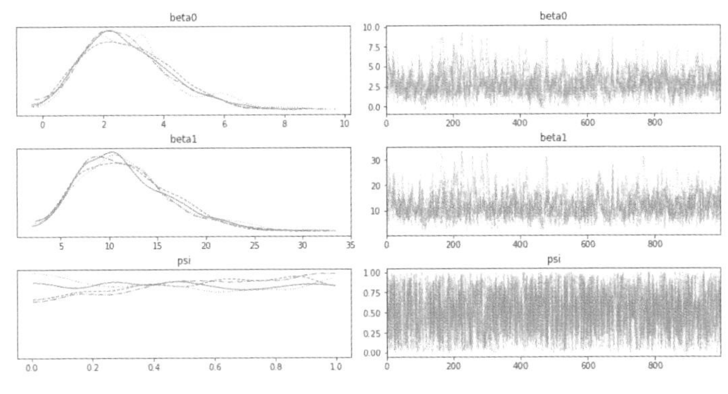

リスト9.25 要約統計量の確認

In

```
pm.summary(trace_rl, var_names=names)
```

Out

	mean	sd	hdi_3%	hdi_97%	mcse_mean	mcse_sd	ess_bulk	ess_tail	r_hat
beta0	2.831	1.518	0.263	5.759	0.049	0.037	1019.0	1129.0	1.0
beta1	11.779	4.883	4.023	21.385	0.158	0.118	1022.0	1080.0	1.0
psi	0.510	0.288	0.045	0.975	0.007	0.005	1779.0	1625.0	1.0

リスト9.26を実行して結果をグラフにしてみましょう。外れ値があっても決定境界には大きな影響がないことがわかります。

リスト9.26 推定されたシグモイド曲線と決定境界を描画

In

```
fig, ax = plt.subplots(constrained_layout=True)

ax.scatter(data['x2'], data['y2'],
           color=[f'C{i}' for i in data['y2']])

mu = trace_rl['mu'].mean(axis=0)
idx = np.argsort(data['x2'])
ax.plot(data['x2'][idx], mu[idx])

pm.plot_hdi(data['x2'], trace_rl['mu'], ax=ax)

plt.vlines(trace_rl['boundary'].mean() + ➡
data['x2'].mean(), 0, 1, color='k')
boundary_hdi = pm.hdi(trace_rl['boundary']) + ➡
data['x2'].mean()
ax.fill_betweenx([0, 1], boundary_hdi[0], ➡
boundary_hdi[1], alpha=0.5)
```

Out

```
<matplotlib.collections.PolyCollection at 0x1abfae3adc0>
```

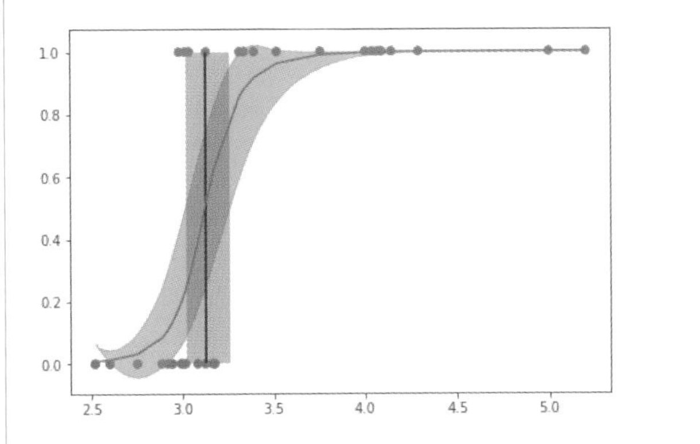

以上のように、少しの工夫でロバストなロジスティック回帰モデルが構築できました。一般化線形モデルの学習で身に付けた知識は、様々な問題に対して適切なモデルを考えるためにとても役に立ちます。

9.3 ポアソン回帰

本節では一般化線形モデルの中でも代表的なポアソン回帰モデルのパラメータ推定について解説します。

9-3-1 ポアソン回帰モデル

一般化線形モデルにおいて観測データがポアソン分布に従っていると仮定するモデルを**ポアソン回帰（Poisson regression）モデル**と呼びます。ポアソン分布の確率変数は0以上の整数です。ポアソン分布のパラメータはλであり、分布の平均値と分散の値はλになります。

例として、ある川のポイントで魚釣りをしたとき、何匹の魚が釣れるのかをポアソン回帰モデルで表してみます。ここでは架空のデータとして、1時間釣りをしたときに釣れた魚の数と、その日の気温と天気のデータを作成します。天気は簡単にするために、便宜上晴れと曇りだけだとします。釣れた魚の数は0以上の正の整数しかとらず、ポアソン分布に従います。また、その期待値λは気温と天気によって変化するとします。ポアソン回帰モデルは（式9.15）のようになります。

$$\lambda_i = \beta_0 + \beta_1 x_{1i} + \beta_2 x_{2i}$$
$$y_i \sim \mathrm{Poisson}(\exp(\lambda_i)) \quad \text{(式9.15)}$$

x_{1i}は気温を表す変数です。また、x_{2i}は0か1しかないダミー変数であり、0の場合は晴れ、1の場合は曇りを示しています。

ポアソン分布は個数や回数のデータを表すので、ポアソン分布の期待値が負の値にならないようにする必要があります。そこで、ポアソン回帰モデルでは逆リンク関数に指数関数が用いられ、対数関数がリンク関数となります。

リスト9.27ではサンプルのデータセットを作成しています。**weather**の値は0の場合は晴れ、1の場合は曇りを示しています。**weather**が0であるときはβ_2の項が0になるので、モデルは説明変数が1つだけの簡単なものになります。

リスト9.27 データセットの作成

In

```
import numpy as np
import pandas as pd

n = 30
psi = 0.1

rng = np.random.default_rng(123)
x1 = rng.random(n) * 30
x2 = rng.random(n) * 30
counts1 = np.array([(rng.random() > psi) * ➡
rng.poisson(0.1 + 0.15 * x1[i]) for i in range(n)])
counts2 = np.array([(rng.random() > psi) * ➡
rng.poisson(0.15 + 0.25 * x2[i]) for i in range(n)])
temp = np.concatenate([x1, x2])
obs = np.concatenate([counts1, counts2])
weather = np.concatenate([np.zeros(n, dtype=int),
                          np.ones(n, dtype=int)])
data = pd.DataFrame({'temp': temp, 'obs': obs,
                     'weather': weather})

data.head()
```

Out

	temp	obs	weather
0	20.470556	4	0
1	1.614631	0	0
2	6.610796	1	0
3	5.531154	1	0
4	5.277177	0	0

釣れた魚の数と気温の関係を散布図で確認します（リスト9.28）。seabornの**scatterplot**関数は**hue**引数に指定された変数に従って散布図をグループ分けしてくれます。この例ではデータ点が天気別に色分けされます。

リスト9.28 釣れた魚の数、気温、天気の散布図

In

```
import matplotlib.pyplot as plt
import seaborn as sns

fig, ax = plt.subplots(constrained_layout=True)

sns.scatterplot(data=data, x='temp', y='obs',
                hue='weather', ax=ax)
```

Out

```
<AxesSubplot:xlabel='temp', ylabel='obs'>
```

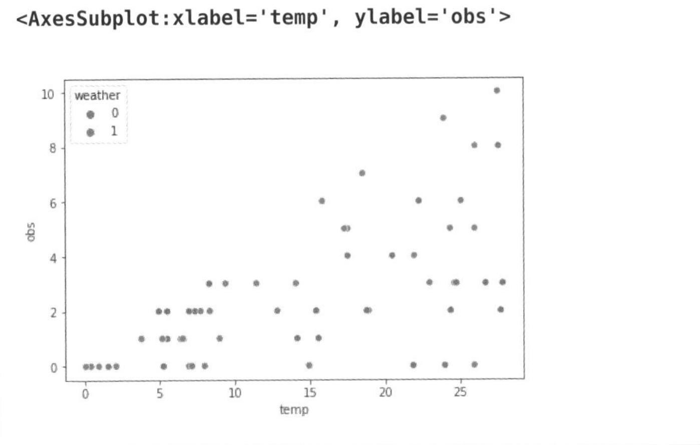

それではPyMC3を使ってこの問題のポアソン回帰モデルを実装してみましょう。リスト9.29のようにモデルの定義方法の流れはロジスティック回帰などの場合

と同じです。逆リンク関数が指数関数であり、データの確率分布がポアソン分布であるとしています。なお、この例でもパラメータの事前分布には無情報事前分布として正規分布を選択しています。

リスト9.29 ポアソン回帰モデルのパラメータ推定

In

```
import pymc3 as pm
import warnings
warnings.simplefilter('ignore', FutureWarning)

with pm.Model() as model_p:
    beta0 = pm.Normal('beta0', mu=0, sigma=100)
    beta1 = pm.Normal('beta1', mu=0, sigma=100)
    beta2 = pm.Normal('beta2', mu=0, sigma=100)

    lambda_ = pm.math.exp(beta0 + beta1 * data['temp'] ➡
+ beta2 * data['weather'])

    pm.Poisson('y', lambda_, observed=data['obs'])

    trace_p = pm.sample(random_seed=2)
```

Out

```
Auto-assigning NUTS sampler...
Initializing NUTS using jitter+adapt_diag...
Multiprocess sampling (4 chains in 4 jobs)
NUTS: [beta2, beta1, beta0]

100.00% [8000/8000 00:17<00:00 Sampling 4 chains, ➡
0 divergences]

Sampling 4 chains for 1_000 tune and 1_000 draw ➡
iterations (4_000 + 4_000 draws total) took 82 seconds.
The acceptance probability does not match the target. ➡
It is 0.8825919615439796, but should be close to 0.8. ➡
Try to increase the number of tuning steps.
```

```
The number of effective samples is smaller than 25% ➡
for some parameters.
```

リスト9.30 と リスト9.31 で推定結果を確認してみましょう。

リスト9.30 トレースプロットを表示

In
```
pm.plot_trace(trace_p)
```

Out
```
array([[<AxesSubplot:title={'center':'beta0'}>,
        <AxesSubplot:title={'center':'beta0'}>],
       [<AxesSubplot:title={'center':'beta1'}>,
        <AxesSubplot:title={'center':'beta1'}>],
       [<AxesSubplot:title={'center':'beta2'}>,
        <AxesSubplot:title={'center':'beta2'}>]], ➡
dtype=object)
```


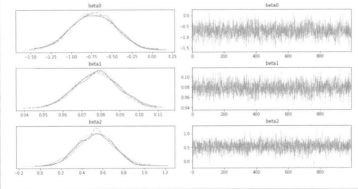

リスト9.31 要約統計量の確認

In
```
pm.summary(trace_p)
```

Out

	mean	sd	hdi_3%	hdi_97%	mcse_mean	mcse_sd	ess_bulk	ess_tail	r_hat
beta0	-0.720	0.264	-1.187	-0.198	0.009	0.006	936.0	1001.0	1.0
beta1	0.078	0.011	0.058	0.099	0.000	0.000	961.0	1097.0	1.0
beta2	0.532	0.172	0.232	0.873	0.004	0.003	1604.0	1353.0	1.0

r_hatは1であるので収束に問題はないようです。**beta1**の推定値が正の値であることから、魚は気温が高い方が多く釣れることがわかります。**beta2**は天気の影響を示しており、推定値が正であることから曇りの方が魚がよく釣れるという解釈ができます。

パラメータの推定値について考える際には、ポアソン回帰モデルでは逆リンク関数として指数関数を使用していることを忘れないでください。**beta1**の点推定値は0.078でした。これは気温が1度上がるたびに魚は$\exp(0.078) \fallingdotseq 1.08$倍ずつ釣れるようになると解釈されます。つまり、気温に対して魚は指数関数的に釣れるようになるといえます。同様に**beta2**の係数の点推定値は0.532だったので、天気が曇りになると魚は$\exp(0.532) \fallingdotseq 1.70$倍釣れるようになると期待できます。

パラメータの推定結果をより理解するために、回帰曲線を図示してみましょう（リスト9.32）。グラフは気温に対して指数関数的に増加する曲線になっていることがわかります。

リスト9.32 回帰曲線を描画

In

```
beta0_m = trace_p['beta0'].mean()
beta1_m = trace_p['beta1'].mean()
beta2_m = trace_p['beta2'].mean()
x = np.linspace(data['temp'].min(),
                data['temp'].max(), 100)

fig, ax = plt.subplots(constrained_layout=True)

sns.scatterplot(data=data, x='temp', y='obs',
                hue='weather', ax=ax)

ax.plot(x, np.exp(beta0_m + beta1_m * x))
ax.plot(x, np.exp(beta0_m + beta1_m * x + beta2_m))
```

Out

```
[<matplotlib.lines.Line2D at 0x2208f082e50>]
```

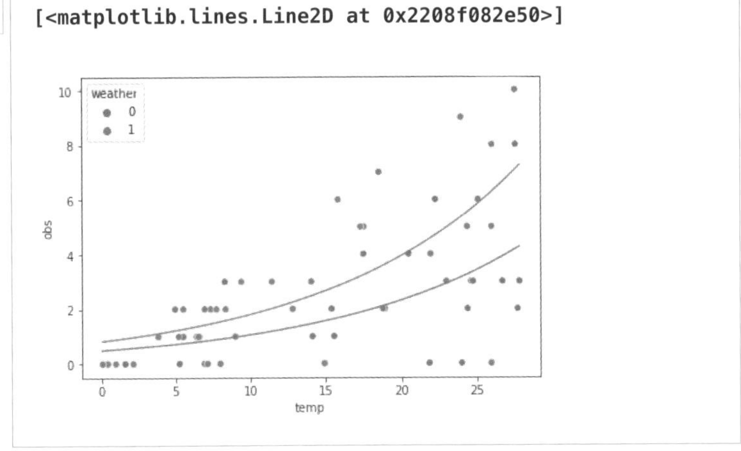

続いて リスト9.33 で事後予測の乱数を生成し、HDIも図示してみましょう。予測結果と実際のデータがどの程度合うのかを確認し、構築したモデルが妥当であるかを考えることは大切です。

リスト9.33 事後予測の乱数を生成

In

```
with model_p:
    pp = pm.sample_posterior_predictive(trace_p)
```

Out

```
100.00% [4000/4000 00:02<00:00]
```

ポアソン分布は期待値だけでなく分散もパラメータλに等しくなります。そのため、ポアソン分布を使ったモデルでは実際のデータの分散との乖離が大きくなることがあります。HDIを図示することで、このような問題が生じていないかを確認することができます。リスト9.34 では天気が曇りであるときの事後予測の99%HDIを図示しています。データの大半が範囲内に収まっているため、モデルに問題はなさそうです。ここでは**pm.plot_hdi**関数の**smooth**引数に**False**と指定することで、HDIの範囲を直線で繋げたグラフにしています。ポアソン分布に従う乱数は離散型の値をとるので、このように表示する方が適切です。

リスト9.34 事後予測の99%HDI

In

```
fig, ax = plt.subplots(constrained_layout=True)

sns.scatterplot(data=data, x='temp', y='obs',
                hue='weather', ax=ax)

ax.plot(x, np.exp(beta0_m + beta1_m * x))
ax.plot(x, np.exp(beta0_m + beta1_m * x + beta2_m))
pm.plot_hdi(data['temp'][30:], pp['y'][:, 30:],
            hdi_prob=0.99, smooth=False, ax=ax)
```

Out

```
<AxesSubplot:xlabel='temp', ylabel='obs'>
```

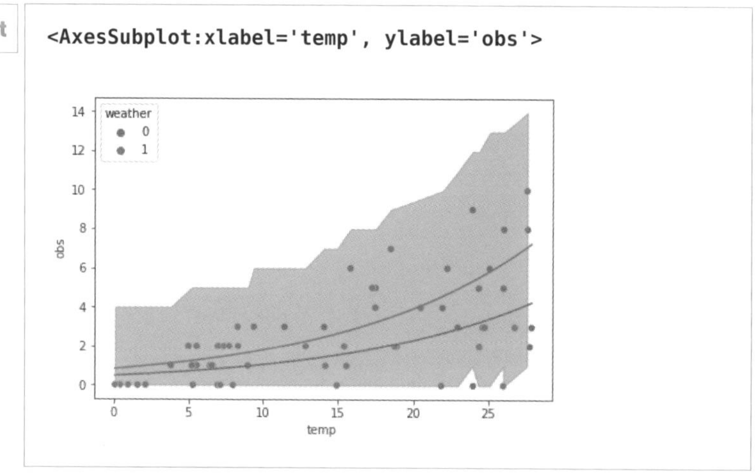

9-3-2 ゼロ過剰ポアソンモデル

最後に、少し変わったポアソン分布を使用するモデルを紹介します。ポアソン分布はパラメータがλしかなく、観測データの期待値と分散が概ね等しい場合でないと使うことができません。例えば、ある場所でクジラやイルカの生息数を観測しているとします。ほとんどの場合1日に1匹も観測できず、たまに群れが来て何匹か観測できるといった状況だとします。ポアソン分布はこのような大半が0のデータをうまく表すことができません。この場合には**ゼロ過剰ポアソン(zero-inflated Poisson)モデル**というものが利用されます。これはポアソン分布に従うような通常のデータが生成される過程と、0が生成される過程を組み合わせたモデルです。

ゼロ過剰ポアソン分布の確率質量関数は（式9.16）で表されます。

$$f(x \mid \psi, \lambda) = \begin{cases} (1-\psi) + \psi e^{-\lambda} & (x = 0) \\ \psi \dfrac{e^{-\lambda}\lambda^{x}}{x!} & (x = 1, 2, 3, \ldots) \end{cases} \quad \text{(式9.16)}$$

これは必ず0が生じる過程が確率$1-\psi$で起こり、ポアソン分布からデータが生じる確率がψとしたモデルです。パラメータψが1に近づくほどポアソン分布に近づいていきます。

リスト9.35はψとλを変化させたときの（式9.16）の値をグラフにしたものです。グラフを見てわかるように0の発生する確率が高いことが表現されています。

リスト9.35 ゼロ過剰ポアソン分布におけるパラメータψ、λの影響

In
```
from scipy import stats

x = np.arange(0, 22)
psis = [0.7, 0.4]
lambdas = [8, 4]

fig, ax = plt.subplots(constrained_layout=True)

for psi, lam in zip(psis, lambdas):
    pmf = stats.poisson.pmf(x, lam)
    pmf[0] = (1 - psi) + pmf[0]
    pmf[1:] =  psi * pmf[1:]
    pmf /= pmf.sum()
    ax.plot(x, pmf, '-o',
            label=rf'$¥psi$ = {psi}, $¥lambda$ = {lam}')

ax.set_xlabel(r'$x$')
ax.set_ylabel(r'$f(x)$')
ax.legend()
```

Out

```
<matplotlib.legend.Legend at 0x2208f3aa5b0>
```

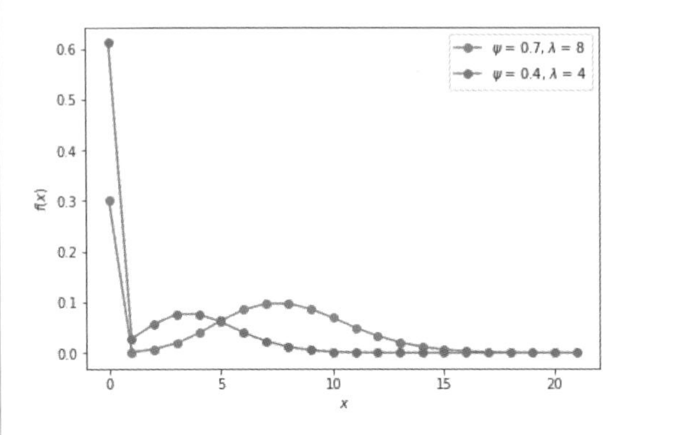

ゼロ過剰ポアソンモデルのパラメータ推定の例を示すためにリスト9.36を実行してデータセットを作成しておきます。

リスト9.36 データセットの作成

In

```
n = 100
lambda_ = 3
psi = 0.6

rng = np.random.default_rng(1)
y = rng.random(n) > psi
Dist_0 = rng.poisson(lambda_, n)
Dist_1 = np.zeros(n, dtype=int)
counts = np.where(y, Dist_0, Dist_1)

counts
```

Out

```
array([0, 3, 0, 3, 0, 0, 1, 0, 0, 0, 1, 0, 0, 3, 0, 0, ➡
0, 0, 0, 0, 4, 0,
       0, 2, 6, 1, 0, 0, 0, 2, 0, 0, 8, 1, 2, 2, 0, 0, ➡
0, 0, 4, 2, 0, 0,
       2, 0, 0, 2, 0, 0, 2, 3, 0, 4, 0, 0, 4, 1, 2, 0, ➡
0, 0, 3, 3, 4, 0,
```

```
        0, 3, 4, 1, 0, 0, 3, 0, 0, 0, 4, 3, 5, 3, 3, 0, ➡
3, 0, 3, 0, 6, 0,
        0, 0, 3, 0, 0, 0, 0, 0, 0, 3, 0, 2], dtype=int64)
```

PyMC3にはゼロ過剰ポアソン分布を表す**pm.ZeroInflatedPoisson**クラスが実装されています。これを利用すればリスト9.37のようにモデルを構築することができます。

リスト9.37 ゼロ過剰ポアソンモデルのパラメータ推定

In

```
with pm.Model() as model_zip:
    psi = pm.Beta('psi', 1, 1)
    lambda_ = pm.Gamma('lambda', 2, 0.1)

    pm.ZeroInflatedPoisson('y', psi, lambda_,
                           observed=counts)

    trace_zip = pm.sample(random_seed=1)
```

Out

```
Auto-assigning NUTS sampler...
Initializing NUTS using jitter+adapt_diag...
Multiprocess sampling (4 chains in 4 jobs)
NUTS: [lambda, psi]

100.00% [8000/8000 00:15<00:00 Sampling 4 chains, ➡
0 divergences]

Sampling 4 chains for 1_000 tune and 1_000 draw ➡
iterations (4_000 + 4_000 draws total) took 79 seconds.
```

推定結果はリスト9.38とリスト9.39のようになり、収束に問題はありません。

リスト9.38 トレースプロットを表示

In

```
pm.plot_trace(trace_zip)
```

Out

```
array([[<AxesSubplot:title={'center':'psi'}>,
        <AxesSubplot:title={'center':'psi'}>],
       [<AxesSubplot:title={'center':'lambda'}>,
        <AxesSubplot:title={'center':'lambda'}>]], ➡
dtype=object)
```

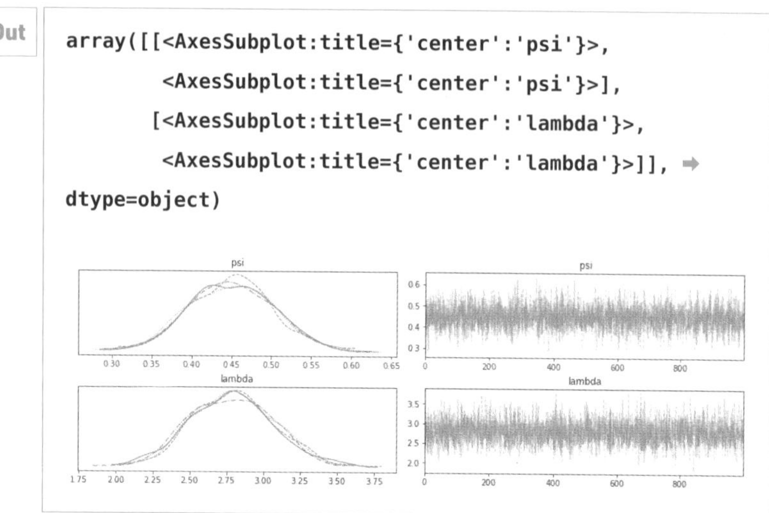

リスト9.39 要約統計量を確認

In

```
pm.summary(trace_zip)
```

Out

	mean	sd	hdi_3%	hdi_97%	mcse_mean	mcse_sd	ess_bulk	ess_tail	r_hat
psi	0.451	0.053	0.353	0.548	0.001	0.001	3347.0	2776.0	1.0
lambda	2.799	0.284	2.304	3.356	0.005	0.004	3119.0	2602.0	1.0

それでは最後に事後予測を図示して推定結果が妥当か確認してみましょう。まずはリスト9.40を実行して事後予測の乱数を生成しておきます。

リスト9.40 事後予測の乱数を生成

In

```
with model_zip:
    pp = pm.sample_posterior_predictive(trace_zip, 100,
                                        random_seed=1)
```

Out

```
100.00% [100/100 00:00<00:00]
```

リスト9.41のグラフはサンプルのデータのヒストグラムを折れ線で示しています。また、事後予測のヒストグラムを薄い点でプロットしています。サンプルデータは事後予測の範囲に収まっていることが確認でき、今回のゼロ過剰ポアソンモデルはデータの分布を表すモデルとして妥当といえます。

リスト9.41 データと事後予測の比較

In

```
fig, ax = plt.subplots(constrained_layout=True)

for i in pp['y']:
    ax.plot(np.histogram(i, bins=i.max() + 1)[0],
            'oC0', alpha=0.1)

ax.plot(np.histogram(counts, bins=counts.max() + 1)[0],
        '-oC1')

ax.set_xlabel('value')
ax.set_ylabel('frequency')
```

Out

```
Text(0, 0.5, 'frequency')
```

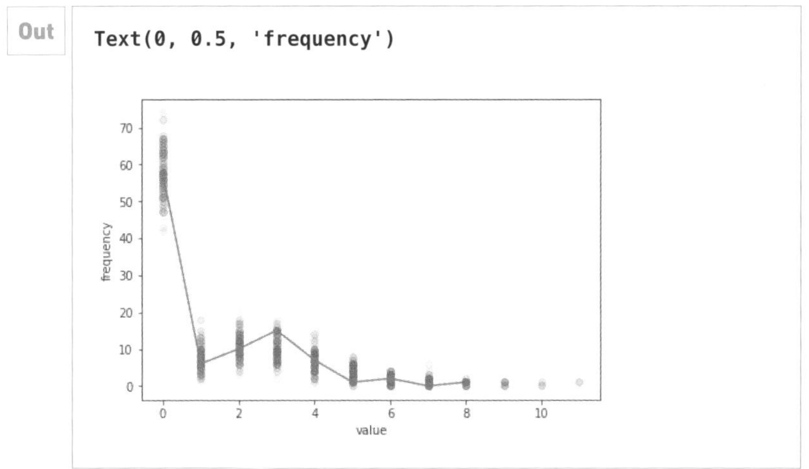

以上のように、ベイズ推定を実際のデータに対して行うときは、データの性質に合わせて確率分布を拡張することもよくあります。また、本書では単純なモデルのみを紹介しましたが、複雑なモデルは単純なモデルの組み合わせでしかないこともあります。しかし、モデル自体がどのように変化しても、PyMC3を使ったパラメータ推定の手順と考え方は変わりません。今後、読者の皆さんが複雑なモデルを使った実際のデータ分析に挑戦していく際に、本書が少しでも役立ってくれれば本望です。

INDEX

記号・数字

A/B/C

D/E/F

G/H/I

J/K/L

M/N/O

P/Q/R

S/T/U

V/W/X/Y/Z

あ

か

さ

た

な

は

ま

や

ら

著者プロフィール

かくあき

東京工業大学工学部卒業後、同大学院理工学研究科を2012年に修了。
学生時代から数値解析を中心にPython、MATLAB、Fortran、C、LISPなどのプログラミング言語を利用。
Pythonの普及の一助となるべく、Udemyで講座を公開、KDPでの電子書籍を出版するなど情報発信。

装丁・本文デザイン　大下 賢一郎
装丁写真　iStock / Getty Images Plus
DTP　株式会社シンクス
校正協力　佐藤 弘文

Python（パイソン）で動かして学ぶ！
あたらしいベイズ統計の教科書

2021年8月5日　初版第1刷発行

著　者　かくあき
発行人　佐々木幹夫
発行所　株式会社翔泳社（https://www.shoeisha.co.jp）
印刷・製本　株式会社ワコープラネット

※本書へのお問い合わせについては、iiページに記載の内容をお読みください。
※落丁・乱丁はお取り替えいたします。03-5362-3705までご連絡ください。

ISBN978-4-7981-6864-7　Printed in Japan